La brousse, le champ et la jachère au Burkina Faso

Collection
Ressources renouvelables
dirigée par Bernard Lacombe

Le caractère fini de la plupart des richesses naturelles est une donnée de base du développement. D'agent dans une nature généreuse, l'homme devient l'acteur responsable de la survie de cette même nature. Un état des lieux, sans parti pris mais sans concession, est un des défis posés à la communauté scientifique que cette collection a pour ambition de relever. La pollution, le changement climatique, la pression de l'homme sur le milieu alimentent des craintes légitimes sur l'état de la planète et son simple futur. L'appropriation actuelle des ressources met en cause la durabilité des ressources et de leurs systèmes d'exploitation. L'action à engager tant sur leur exploitation, qui ne saurait rester minière, que sur la consommation des sociétés, dépend de la justesse des analyses qui seront faites aujourd'hui.
Cette collection veut offrir une vision documentée de l'état des ressources dites « renouvelables » - la fertilité de la terre, la production des océans, l'eau du ciel, la permanence de l'air... Prenant en compte tant les usages passés que leur exploitation actuelle et les contraintes des générations futures, nous voulons faire le point de l'évolution quantitative et qualitative des ressources renouvelables et comprendre le devenir et des sociétés qui en dépendent directement et de l'homme sur une terre dont il est l'usufruitier.
Le logo de la collection a été spécialement conçu par S'Calpa.

Crédits photographiques : Bernard Lacombe, sauf précisions autres
Dessins, schémas et cartes : Passari Oulla
Mise en page : Ateliers D@poya, Ouagadougou

5-7, rue de l'École-Polytechnique ; 75005 Paris

http ://www.librairieharmattan.com
diffusion.harmattan@wanadoo.fr
harmattan1@wanadoo.fr

ISBN : 978-2-296-02375-8
EAN : 9782296023758

Robin Duponnois & Bernard Lacombe

La brousse, le champ et la jachère au Burkina Faso

L'Harmattan

Deux défriches avec karités (feu en cours pour la première photographie, à brûler pour celle du bas)

à la mémoire de
Roger Pontanier

Ses collègues des sciences sociales au Burkina Faso

Cet ouvrage fait suite à l'hommage rendu par l'ensemble des chercheurs de sciences sociales œuvrant en Afrique dans le précédent ouvrage publié dans la même collection et intitulé : *La jachère en Afrique Tropicale*, L'Harmattan, Paris, 2006. Avec *Les petites jachères des femmes* et *Karité et néré, deux arbres des jachères, propriété masculine et travail féminin*, il fait donc partie d'un ensemble de quatre ouvrages qui lui sont dédiés.

"Le travail est bon", pagne bwamu de Bouan

BURKINA FASO
CARTE ADMINISTRATIVE
45 Provinces
AFRIQUE
MALI
NIGER
GHANA
TOGO
BENIN
COTE D'IVOIRE
Oudalan
Soum
Loroum
Yatenga
Séno
Bam
Sourou
Zondoma
Sanmatenga
Namentenga
Gnagna
Yagha
Kossi
Passoré
Nayala
Oubritenga
Kourwéogo
Komondjari
Kadiogo
Ganzourgou
Banwa
Mouhoun
Boulkiemdé
Gourma
Tapoa
Kouritenga
Sanguié
Bazèga
Kénédougou
Les balé
Ziro
Zoundwéogo
Koulpélogo
Kompienga
Tuy
Sissili
Nahouri
Boulgou
Houet
Ioba
Léraba
Bougouriba
Comoé
Poni
Noumbiel
LEGENDE :
IOBA

Carte n° 1
LOCALISATION DES DIFFERENTES ZONES D'ENQUÊTES
AFRIQUE
BURKINA FASO
0
40
80
120k
N
Oudalan
Gorom-Gorom
Djibo
Dori
Yatenga
Ouahigouya
Zogore
Kongoussi
Kaya
Sian
Nouna
Mouhoun
Dédougou
Banu
Mamou
Koudougou
Ouagadougou
Gourma
Fada N'gourma
Faramana
Bondokuy
Kahin
Boromo
Bagassi
Sobaka
Ziro
Sapuy
Tenkodogo
Bobo Dioulasso
Houndé
Kotédougou
Pô
Léo
Baléoro
Niamiadougou
Poni
Gaoua
Comoé
Batié
LEGENDE :
Zone d'étude
Ziro
Province
Banu
Principales zones enquêtées
Bagassi
Zones d'enquêtes secondaires
Tenkodogo
Ville

Présentation :

La fin d'une pratique agricole productive : la jachère en Afrique de l'Ouest

Robin Duponnois
&
Bernard Lacombe[1]

L'agriculture itinérante sur brûlis n'est rien moins que sophistiquée : elle est hautement productive et techniquement fort élaborée. Elle réclame de ceux qui la pratiquent de grandes connaissances de la nature et de l'environnement. Elle leur donne de grands espaces de temps libre : les sols se regénérant d'eux-mêmes, le cultivateur dispose de mois entiers de liberté, en dehors des moments siasonniers où le travail est d'une très grande intensité. Mais elle est grande consommatrice d'espaces vierges et de temps : celui nécessaire au renouvellement de la "même" nature. Il faut que les essarts se soient "refaits une santé" au point de pouvoir être considérés comme disposant d'une végétation d'équilibre dite *climax*, même si nous savons le concept plus théorique qu'applicable tel quel. Nous avons donc une rotation brousse (ou forêt dans certains cas), champ et jachère. Quand cette dernière – les champs abandonnés – reprenait son apparence originelle de brousse quelques générations plus tard, elle était de nouveau défrichée et un

[1] Respectivement microbiologiste IRD et anthropologue IRD
Robin.Duponnois@ird.sn & Bernard.Lacombe@ird.bf

champ s'ouvrait. Mais les défrichements opérés étaient toujours sélectifs : étaient conservés les arbres d'intérêt économique : le néré et le karité systématiquement, et quand il y en avait plusieurs, un choix étaot opéré et entre espèces et entre plants plus ou moins prometteurs. Ce qui poussait d'intéressant dans la jachère était donc entretenu tant que cela était possible. En particulier, les paysans favorisaient encore certains plants (quand deux karités étaient trop proches, ils sacrifiaient le plus faible). De plsu le temps intermédiaire entre le champ et la brousse permettait d'obtenir des produits de première nécessité, en particulier les grandes herbes de construction, *Andropogon gayanus* en particulier et autres produits des savanes ouvertes à la lumière.

Entre le champ laissé à l'abandon et la réinstallation totale de la végétation originelle, se situe un laps de temps de reconstitution du milieu dit « jachère », qui était le point focal des recherches coordonnées dont ce livre rend compte. En effet, cet ouvrage expose la stratégie des recherches que nous avions élaborées dans le cadre du programme *Jachère en Afrique Tropicale* fondé et dirigé par Roger Pontanier.

La situation actuelle dans la plupart des pays dont l'agriculture est fondée sur cette technique tient à ce que la pression de la population par croît naturel (l'Afrique en venant à un régime démographique de type mondial et ayant perdu ses caractéristiques "traditionnelles" *sui generis*, telles qu'on les enregistrait encore il y a 30-40 ans) et par migrations inter & intra-régionales ne peut pas être absorbée par la croissance urbaine, celle-ci n'étant pas soutenue par un développement industriel qui absorberait cette main-d'œuvre nouvelle. Dans les campagnes naît donc un mouvement de surpeuplement relatif - non pas absolu : c'est un surpeuplement dû aux techniques utilisées fondées sur l'agriculture sur brûlis. Toute la question est donc de passer de ce système agricole de l'agriculture sur brûlis à des systèmes plus intensifs incluant la regénération des sols par des intrants (engrais) et du travail.

Les agronomes élaborent en face de ce processus des techniques de protection des sols (protection anti-éolienne par chaume...), des champs (clôtures, assolement...) etc., toutes techniques qui répondent à un besoin théorique mais pas forcément vécu par les populations agricoles, lesquelles de leur côté élaborent des techniques empiriques pour répondre aux problèmes qu'elles vivent de raréfaction des terres (l'espace est fini, au sens logique du terme, et les pratiques de labour animal le rétrécissent encore plus). L'affaiblissement de la régénération et l'appauvrissement des terres cultivées sont une antienne entendue d'interview en discussion de groupe. Les techniques imaginées par les paysans ressemblent à certaines propositions des agronomes, du moins des bons, sans en avoir l'efficacité malheureusement, puisqu'elles ne sont pas testées systématiquement et que leur amélioration est lente (par exemple, les cultivateurs veulent trouver des plantes de couverture des sols et de clôtures, mais ils ne savent lesquelles en fonction de la contrainte du *bétail qui bouffe tout*, interview).

Par ailleurs, les sociétés qui pratiquent l'agriculture sur brûlis sont des sociétés lignagères liées par un lien mystique à la Terre, et sont dans des États aux frontières poreuses, coupant des territoires de sociétés traditionnelles peu aptes à les accepter de par leur fonctionnement interne.

Les sociétés lignagères représentent certes un frein à certains changements mais il ne faut pas plus pour autant les croire immobiles. L'Afrique est le continent qui a connu les plus gros changements sociaux au siècle passé, et les agriculteurs ont eu leur part dans ces changements, acceptés ou assumés. Nous sommes bien loin, très loin, de sociétés immobiles et immuables. Mais la prudence dans les évolutions de la classe paysanne prend aussi sa source dans la responsabilité de ces paysans à devoir nourrir leur famille, et devant ce défi les solutions technicistes externes n'ont pas forcément prouvé leur validité. Dans tous les pays du monde, le paysan est prudent. Cette prudence l'honore : elle ne doit pas être confondue avec cette mentalité rétrograde qu'on l'accuse trop souvent d'avoir.

Dans les études coordonnées que nous présentons ici nous donnons plus le côté des paysans et de leur logique que celui des sciences de la nature et de leurs propositions. Nous aurions espéré qu'un tel ouvrage voit le jour : celui où l'expérience scientifique est confrontée à l'expérience paysanne. Seule une synergie entre elles pourrait faire avancer les nécesaires évolutions qu'attend les paysans d'Afrique de l'Ouest, pour ne parler que d'eux puisque ce livre leur est consacré.

Cet ouvrage fait suite au livre précédent *La jachère en Afrique Tropicale* qui avait tracé un tableau général des études que réclamait la jachère de la part des sciences de l'homme et de la société. Pour faciliter l'exposé, nous référencions cet ouvrage comme *JAT* 2006 dans le présent ouvrage. En ce qui concerne le volet "Burkina Faso" on trouvera dans ce premier volume général, les études floristiques de Saïbou Nignan sur les zones de Bondoukuy et Sobaka et l'exposé méthodologique des enquêtes réalisées au Burkina Faso par l'équipe des sciences sociales du programme jachère au Burkina.

L'équipe Burkina était composée de :
Mlles :
Catherine Fourgeau, anthropologue, Université de Bordeaux
Saratta Traoré, anthropologue, Paris V

& MM :
Roméo M. Kaboré, étudiant en économie, Université de Ouagadougou
Bernard Lacombe, anthropologue, IRD
Jean-Noël S. Ouédraogo, enseignant, Burkina
Sylvestre Ouédraogo, économiste, Université de Ouagadougou
Frédéric K. Palé, géographe, Université de Ouagadougou
Gabriel Sangli, démographe UERD, Université de Ouagadougou
François Sodter, démographe IRD
Brahima Traoré, étudiant en géographie, Université de Ouagadougou

Auxquels se sont joints *pro parte* :
Mme Seko Diallo, secrétaire de l'antenne IRD de Bobo-Dioulasso
MM :
Raphaël Yézouma Coulibaly, agent de vulgarisation agricole
Rémi Demazoin, agronome,, à l'époque IRD
Robin Duponnois, microbiologiste IRD
Saïbou Nignan, botaniste IRD
Victor Nimy, agronome, IDR, Bobo-Dioulasso
Jean-Noël S. Ouédraogo, enseignant, Burkina
Passari Y. Oulla, cartographe IRD

Disons enfin que les dossiers complets du travail de notre équipe du Burkina sont consultables sur le site *Pleins_Textes* de l'IRD France, et disponibles en lecture au Centre de Documentation (Ambassade de France/IRD) de Ouagadougou.

Champ collectif à Kotédougou (photographie de Catherine Fourgeau)

Vente de courges sur la route de Kaya

Chapitre 1

Origine de l'agriculture et légendes des chefs de terre des pays bwamu, lobi et samogho

Bernard Lacombe
&
Frédéric O.K. Palé[2]

Les Lobi racontent encore, car leurs traditions restent vivaces au pays lobi, l'origine de l'agriculture en une légende (dont parle aussi Labouret, 1931) que nous avons recueillie personnellement dans ces termes :

> *À l'origine du monde était un couple d'humains, c'étaient des géants. L'homme se nommait Koïnn et la femme Khèr. On ne sait d'où ils venaient. Les uns disent qu'ils descendaient du ciel, d'autres qu'ils avaient émergé de terre. Ils eurent une progéniture nombreuse et leurs enfants demeurèrent avec eux et s'entremarièrent. Ils ignoraient la culture et ne bâtissaient point de maisons, car ils ne souffraient ni de la faim, ni du froid.*
>
> *Pour se nourrir ils coupaient un morceau du ciel et le faisaient cuire. Le ciel était au sol à cette époque des origines. Ainsi les enfants n'avaient jamais faim. C'est Tangba, Dieu, qui les avait autorisés à faire ainsi, mais à une seule condition : ils ne devaient pas voir le ciel en train de cuire ! Alors, on mettait le morceau dans une poterie soigneusement fermée. Un jour, c'était au tour de Koïnn de faire la cuisine. Mais il dut s'écarter*

---

[2] Frédéric O. K. Palé est enseignant de géographie à l'Université de Ouagadougou. Frederic.pale@univ-ouaga.bf

du foyer car il devait uriner. Alors, Khèr, dévorée de curiosité, profita de son absence pour soulever le couvercle de la marmite. Aussitôt, le tonnerre éclata, et le ciel s'enfuit : il monta, et c'est depuis lors qu'il est si haut, hors de portée des hommes.

La faim fut désormais le lot des humains. Ils broutèrent l'herbe, ils dévorèrent les feuilles des arbres... ils souffraient. Koùnn, un jour qu'il parcourait la brousse, rencontra toute une cohorte de fourmis qui portaient des grains. Il se dit que si les fourmis mangeaient ces graines, pourquoi pas ses enfants ? Il ouvrit donc la fourmilière et se saisit de ce qu'elles avaient entreposé dans leurs hangars souterrains. C'est ainsi que les premiers hommes découvrirent le mil, le sorgho, le maïs, les arachides et les haricots. Mais ils les mangeaient ainsi, sans les préparer, sans les faire cuire. La faim leur restait toujours dure, et les grains étaient insuffisants. Dans leur malheur, ils s'adressèrent à Tangba, qui se laissa fléchir par leurs prières.

Un des fils de Tangba vint sur terre et parla aux hommes : « Vous avez été désobéissants, et mon Père ne peut vous donner ainsi des grains en oubliant votre faute ; pourtant, Il vous veut du bien, alors Il m'a dit de vous donner cette houe, prenez-la, ouvrez la terre et à la première pluie, plantez les graines qui vous restent. Par ce travail, vous vivrez. »

La houe qu'avait envoyée Dieu était gigantesque, mais les hommes aussi l'étaient, alors, ils la prirent et labourèrent : Koùnn et ses fils creusèrent la terre : c'est nos vallées d'aujourd'hui ; il firent des billons, c'est les collines du pays lobi de maintenant. On voit encore leur œuvre, et même si les hommes d'aujourd'hui ont perdu la taille immense qu'ils avaient, ils labourent toujours la terre avec la houe que Dieu leur a donnée et plantent les grains trouvés par Koùnn. Ils récoltent afin que la faim ne ravage pas leurs maisons.

Dans ce récit des temps d'origine, on trouve le caractère sacré de la houe (*soungboúri*) qui constitue l'outil de base du paysan lobi. Il en existe plusieurs variétés parmi lesquelles on peut distinguer essentiellement la grande houe (*soungboúkontine*) utilisée pour les travaux de préparation des champs sur les sols lourds et profonds, et la petite (*soungboúbir*) employée sur des sols peu profonds et pour le sarclage. Il en existe également une plus petite aux dimensions plus raffinées, utilisée par les femmes pour semer (*didir soungboûbir*). Toutes sont un don de Dieu aux premiers hommes, condamnés à travailler pour avoir voulu voir cuire le ciel quand ils pouvaient le manger à volonté, mais pas le voir. Le ciel a fui, le travail l'a remplacé. Les hommes racontent l'un, l'autre et quasiment la géographie de leur pays en ce récit légendaire, ce mythe de l'origine.

Voici aussi un autre récit, celui-ci est bwamu (pays bwaba). À l'origine des définitions des terres dans les populations voltaïques, on trouve plusieurs éléments communs – et c'est Jean-Pierre Jacob, anthropologue, qui nous en a fait la remarque (*Cf* aussi Jacob, 2002). On trouve toujours trois éléments : le lépreux, l'eau, le coq. Dans nos recherches de terrain nous avons retrouvé ces éléments liés intrinsèquement à une dispute quant aux limites des héritages. Voici une des versions recueillies de la bouche de Yézuma Coulibaly pour le terroir bwamu de Bondoukuy.

Deux frères cultivaient ensemble, et l'aîné devint lépreux. Le cadet voulut en profiter pour acquérir plus de terres en séparant celles qu'il cultivait avec son frère. Alors il lui dit : « Demain, que chacun parte au chant du coq pour aller chez l'autre, là où nous nous rencontrerons sera la limite des terres de nos descendants. L'aîné comprit le piège mais accepta le défi. Le lendemain, au premier chant du coq, le lépreux prit son bâton d'infirme et marcha vers la maison de son aîné. Il peinait mais il marchait. Son cadet, en entendant le chant du coq, ne daigna pas se lever ! Sa femme le secoua, mais il lui répondit que son infirme de frère ne pouvait aller très loin, alors il pouvait bien encore dormir ! Le coq chanta trois fois et à la troisième enfin, le cadet se leva. Sortant de sa maison il vit son frère devant sa porte, assis sur sa petite houe, son bâton à la main. Alors, il le supplia : « Écarte-toi un peu, tu es presque dans ma chambre... » L'aîné se leva péniblement et retourna sur ses pas. « Encore », supplia le cadet, et trois fois il répéta sa supplique. Mais l'aîné, lassé et épuisé, répondit : « Non, tu as perdu, je resterai ici. Par la Terre et par l'Herbe, dit-il en frappant le sol, que je meurs ici si j'ai enfreint le défi que toi-même as lancé ! » Et tout le monde sait qu'il n'y a pas plus grand serment que de jurer par l'herbe et la terre pour un Bwaba. Et l'aîné continua, lançant sur le sol son bâton de lépreux : « Hadadé ! », c'est-à-dire, "ceci est notre limite". Et le bâton se fit eau, puis rivière, c'est la rivière Hadadé qui sépare les terres de Moukouna et de Dampan.

Telle est une des légendes recueillies d'une séparation entre deux chefferies de terres. À Bondoukuy, d'autres circulent, mais toutes posent le trépied originel du poulet, de l'eau, de la lèpre : une poule est sacrifiée, ou bien, pour un peu d'eau, l'un donne une partie de sa terre à un lépreux... Ce qui est remarquable c'est que le triplet des trois éléments apparaisse systématiquement, comme me l'a fait remarquer Jean-Pierre Jacob, en d'autres ethnies. Et toutes signent ainsi que le fond culturel commun est bien là, qui unit ces populations entre elles. Car ce mythe, car naturellement c'est un mythe et pas du tout un récit historique ou historiographique, n'est pas seulement bwamu ; il traverse les autres cultures de la région. Cette origine culturelle commune (ou cette participation par emprunt à un même fond commun ?) explique aussi que la brousse et les jachères, et aussi les champs, soient frappés de trois interdits principaux : il ne faut pas copuler hors des lieux habités et humanisés par des constructions humaines, il ne faut pas y répandre du sang humain et enfin y tuer de boa. (En fait, il s'agit du python, le boa, comme le caïman n'est pas africain, mais les deux vocables sont toujours utilisés en Afrique francophone.) Selon les cultures ethniques, ces interdits sont plus ou moins forts et plus ou moins dangereux à violer, mais ils restent toujours valables et sont toujours donnés spontanément. Certes, en ce qui concerne le python, les choses sont plus floues : chez les Lobi et les Mossi, on parle que l'interdit ne porte que sur certaines familles, mais souvent on ajoute cependant que, de ces familles, ne peuvent le tuer que ceux qui possèdent les paroles qui permettent de le tuer. Ou bien, cela ne concerne que le champ cultivé et les champs abandonés récemment. Quand ces interdits sont transgressés, alors on effectue des sacrifices, sacrifices de poulets au minimum. Je trouve remarquable qu'ils soient aussi en triplet. Mais on ne saurait en déduire quoique ce soit. Les travaux en cours d'anthropologues comme Jean-Pierre Jacob ou Évariste Poda apporteront d'autres éléments de compréhension, contentons-nous de les signaler.

Nous avons un autre texte de la même eau, recueilli cette fois à Samorogouan auprès de Soungalo Traoré par un des collaborateurs de notre équipe, Jean-Noël Sibiri Ouédraogo :

A ce que racontent nos parents, il y a longtemps, un village samogho émigra du Mali pour s'installer à Souro. Dans ce village, il y avait deux chasseurs réputés pour leur ruse et leur bravoure.

Un jour, l'un d'eux, au cours d'une longue chasse, arriva dans un lieu où rien ne manquait : ni l'eau, ni l'herbe, ni l'arbre. A gratter la terre, il la vit gorgée d'humus, noire et lourde, une terre pour paysan travailleur. Il décida que là il fonderait un village. Selon la coutume, pour marquer la propriété et la prééminence (ainsi font le chasseur chanceux dont le gibier est trop abondant ou trop gros, ou le cueilleur qui trouve sur sa route une ruche de miel ou des fruits, qu'ils ne peuvent prendre aussitôt avec eux mais désirent cependant se réserver pour venir les collecter ensuite), il prit une poignée de ces herbes hautes et légèrement poivrées, que l'on appelle fuuwe en samogho, et, faisant un nœud à la botte d'herbes, l'enfouit au creux d'un zînzînku, un arbre-à-colle. Et il partit, tout à son rêve : il fonderait autour de ce zînzînku un grand et noble village.

Mais l'histoire ne s'arrête pas là : de retour à la maison, sa femme, étonnée de voir son mari si joyeux alors qu'il rentrait bredouille, l'interrogea, et il ne put se taire et se vanta de sa découverte. C'était sa femme ! Il avait confiance en elle comme tout bon mari doit avoir pour celle qu'il a épousée. Et il était bien normal qu'elle sût qu'elle deviendrait l'épouse d'un grand chef de terre et plus seulement celle d'un grand chasseur. Comment aurait-il pu soupçonner... qu'elle avait un amant, chose très commune après tout (certains le savaient, mais naturellement pas le mari !) Cet amant n'était autre que le second chasseur du village.

Sur la natte, l'épouse dans son rôle d'amante ne put résister au désir d'être intéressante et de parler. Et quand on parle, on parle trop. Enfin, elle dévoila l'intention de son mari de s'installer sur une nouvelle terre qu'il avait découverte.

L'amant, sitôt seul, prit ses arcs et flèches et partit à son tour à la chasse, car le précédent chasseur ayant été bredouille de sa dernière sortie, il manquait de viande au village. Il pista les chemins pris par l'autre chasseur et arriva à l'endroit découvert par son prédécesseur. Là, il chercha... Où chercher la marque sinon en un endroit caché ? Il vit le zînzînku, en perçut la force symbolique par la masse qu'il développait alors que tant d'arbres l'entouraient, mais dont il était le roi. Il sut que c'était là que le mari avait placé son sceau ; effectivement, il n'eût aucun mal à découvrir la botte d'herbes au cœur de l'anfractuosité qu'avait l'arbre. Il prit la botte d'herbe fuuwe qu'il reconnut bien à la manière dont son rival liait ses marques (car combien de fois ne l'avait-il pas vu ce nœud près d'un kob abattu ou d'un buffle fléché par son habile rival ?), en fit une autre, choisissant des herbes déjà quelque peu fanées, qu'il lia de sa marque personnelle et les enfouit au plus profond du creux. Tout son bras y passa. Puis il remit la botte de son prédécesseur à sa place initiale.

De retour au village, tout aussi bredouille que l'avait été son rival quelques jours avant, le deuxième chasseur ne s'attarda pas à s'excuser. Tapant d'un gros gourdin sur un arbre creux, il convoqua tout le monde et informa le village qu'il avait découvert le plus bel endroit du monde et que son intention était de les installer tous. Le premier chasseur demanda des détails sur cet endroit merveilleux... Oh ! Le second ne charogna pas l'information et donna toutes les précisions que demandait le mari de sa chère et tendre amie. Celui-ci comprit que le chasseur avait marché sur ses brisées ! Ce lieu, qu'il décrivait si bien, lui appartenait. Il se querella avec son rival. Tout les anciens intervinrent : il fallait juger sur pièces !

Le lendemain, les Samogho de Souro se rendirent sur les lieux. Le premier chasseur, celui que sa femme avait trahi, dit à son rival : « Mets ta main dans ce creux du zînzînku, tu y trouveras la botte d'herbe que j'y ai déposée comme marque ». L'autre accepta et sortit la botte que le premier chasseur brandit, triomphant, aux yeux à tous. Les Samogho

applaudirent l'exploit, le cas ne souffrait aucune discussion ! Mais son rival ne se tenait pas pour battu. Il attendit un peu que l'enthousiasme de ses compatriotes s'apaisât. Il demanda la parole et convia celui qu'il trompait avec sa femme, et qu'il allait confondre et ridiculiser, désormais à la face de tous, à mettre à son tour la main dans le creux du zinzinku : « Encore, dit-il, encore ». Le bras y passa et le premier chasseur sortit une seconde botte, liée comme son adversaire avait l'habitude de le faire…
Ce fut ainsi que le second chasseur devint par la ruse chef de terre et s'installa sur l'actuel Wotchoï où se trouve toujours le zinzinku qui est devenu un lieu de culte jusqu'à nos jours. Quant au premier chasseur, seul vrai découvreur de ces terres fertiles, il ne fut que simple cultivateur et il dut même demander le droit de s'installer à côté du nouveau chef de terre qui, bon prince, lui concéda de disposer de quoi cultiver.

En tout état de cause, c'est cette unité sociologique des populations voltaïques qui nous a permis de lancer notre étude sur les jachères dans le Sud-Ouest du Burkina Faso. Et de pouvoir espérer effectuer des recherches empiriques sur la question enrichissant ainsi le corpus des connaissances et apportant quelques connaissances pour appuyer les efforts du milieu paysan burkinabè, confronté aux changements rapides de son contexte politique, national et écologique.

Car la question reste, aiguë : comment remplacer les jachères, non parce qu'elles seraient un système imparfait d'agriculture, mais parce que le mouvement de la mondialisation qui emporte les sociétés des cinq continents, rend illusoire qu'elles figurent telles quelles dans l'avenir de l'agriculture africaine, quoi qu'elles soient le leg d'une longue histoire.

Rônier servant de remise à foin (Dori),
un des nombreux exemples d'une intensification agricole en cours

Sorgho et mil à mâturité

Chapitre 2

Tensions entre tradition, migrations et modernité dans le Bwamu de Bondoukuy

François Y. Sodter[3]

Les Cahiers Yézouma ont été rédigés sous notre instigation par Raphaël Yézouma Coulibaly, ce qui a été expliqué par ailleurs (Coulibaly & Sodter, *in JAT* 2006). Nous allons ici analyser ce qu'ils racontent autour de la migration et des tensions qu'elle provoque sur la terre. Rappelons que près de cinq cents chefs de famille, tant autochtones qu'allochtones ont été interrogés. Nos avons procédé à une analyse dichotomique des items exposés spontanément ou selon des questions systématiques, par les sujets de cette enquête.

Mais aussi nous devons signaler **trois manques** dans ces *Cahiers*, et qui sont d'importance : les femmes, l'arbre et le feu :

- Les femmes sont totalement absentes des stratégies des paysans telle que leurs discours la présente. Or, nous savons leur importance : « bêtes de somme » selon certaines qui nous ont dit *qu'une épouse est moins qu'une vache pour son mari*, elles sont, de l'aveu d'autres que *la main-d'oeuvre du pauvre*, ce qui est d'une douloureuse lucidité.

---

[3] Démographe IRD, Francois.Sodter@bondy.ird.fr
Je remercie Bernard Lacombe, Gabriel Sangli et Saratta Traoré de leur aide pour le dépouillement en variables dichotomiques de l'abondant contenu verbal des *Cahiers Yézouma* et l'analyse numérique.

Ne pouvant pas être propriétaires de biens meubles importants, elle ne sont propriétaires de rien que de bijoux si la chance et la passion leur sourient, de leurs vêtements et de quelques biens que le mari fond avec leur capital « pour ne pas être humilié », ce fameux honneur paysan pas forcément bien placé !, et qu'il vend un soir de beuverie ou de calcul et dont il spolie sans gêne l'épouse soumise. Or, c'est les femmes qui assurent les récoltes de karité, de néré, les transformations en beurre, soumbala et dolo des produits de la terre. Mais les champs sont au mari (enquête Lacombe & Traoré, 2003), les charrettes au mari, dont elles auraient besoin pour transporter les grains aux habitations et qu'elles doivent donc abandonner une grande sur place à pourrir, ou qu'avec le temps elles engrangent, mais ayant perdu leur qualité, les arbres sont au mari. Et les hommes, dont les tâches et l'honneur étaient traditionnellement encadrés, ont débordé sur la sphère de leurs épouses : à la fois, ils leur restreignent la propriété des produits des arbres, ne respectent plus leur autonomie, les mettent au travail agricole, et vendent le produit de leur travail sous prétexte qu'une femme honnête ne peut vendre au marché, mais pour y acheter sans argent personnel, il n'y a aucun problème. Au Bwamu, comme il l'a été observé ailleurs, le développement se fait sur une main-mise masculine sur le travail féminin, et si celui-là se veut durable, on peut craindre que cette domination le soit aussi ;

- L'arbre est une question qui a été souvent peu vue (mais Pélissier, Kayser, Palé et d'autres l'ont bien étudiée) mais qui est intrinsèque à l'agriculture sur brûlis. Son absence des discours paysans recueillis dans le *Cahiers* est cependant signifiante : les hommes s'en désintéressent parce que c'est le rôle des femmes de les exploiter. Ils ne parlent que des grands arbres, du renouvellement du parc avec les jachères. Déjà une étude parue dans un ouvrage publié en 1939 signalait qu'on savait tout du karité... sauf comment convaincre le paysan de le planter. La question de planter n'effleure pas les paysans des *Cahiers* ;

- Le feu n'apparaît pas dans les *Cahiers*, comme si ce qui se passait aujourd'hui n'était que broutilles dans le souvenir des grands feux d'autrefois qui ravageaient la brousse, ne s'arrêtait qu'aux bas-fonds et tuaient les imprudents ou les malchanceux restés en brousse. Pourtant, ils font partie de la tradition et de la sauvegarde du milieu par la destruction des nuisibles et la cautérisation des plaies des écorces (Demazoin 1999) ; ils font aussi partie des techniques d'amélioration des terres : des expérimentations prouvant qu'une terre subissant le feu a comme un labour en profondeur (c'est une image que nous employons ici, n'étant pas agronome) et que le feu enrichit la terre de par son propre mouvement. Pourtant, on parle plutôt de ses méfaits : quelques sujets des *Cahiers* signalent avec beaucoup de sens d'observation la disparition des vers de terre dont on sait l'effet productif (Lavelle, 1998) et des grandes termitières (Lepage, 1983), et pas seulement des abeilles, chenilles de karité, biches, girafes, panthères et éléphants.

Pourtant, tous savent qu'ils ne sont pas éteints ! Mais il est intéressant de noter qu'ils ne sont pas encore dans les préoccupations des sujets, comme si le milieu n'était pas encore totalement saturé pour les pratiques anciennes qui disposent d'un espèce de liberté où elles peuvent perdurer, comme les cultes agraires, parmi les échanges monétaires, la culture attelée, l'engrais des blancs et une société pluriethnique.

Deux phénomènes expliquent la mobilité de la population dans la préfecture et vers Bondoukuy, le premier est une conséquence de la culture itinérante sur brûlis qui est le fait des Bwaba ; l'autre est l'exode rural-rural des Mossi du Plateau Central. Ce qui donne deux types de colons ruraux : les premiers sont venus des fins fonds d'une tradition millénaire de culture itinérante sur brûlis, ce sont pratiquement tous des autochtones bwaba, les autres proviennent de zones extérieures au pays bwamu, surpeuplées, du Plateau Mossi pour la plupart, qui se sont déversées sur des zones rendues accessibles par la paix coloniale, premier signe de l'extension territoriale d'États modernes. Ces deux types de migrants sont parfaitement repérés par les habitants de Bondoukuy, territoire bwamu.

La migration bwaba est, selon l'avis général, due à l'abondance des terres pour les Bwaba maîtres des terres au sens global de l'ethnie bwamu ; mais quand même, il est présenté des nuances selon l'interlocuteur. Pour les Mossi anciennement installés, parler de leur venue à Bondoukuy est l'occasion pour revenir sur un fait qui les a étonnés, au sens le plus fort du terme : ils sont restés stupéfaits de la méthode de culture bwamu, dite en andain, en ligne donc, de grands champs collectifs, mobilisant de grands espaces de terres homogènes, cultivables par une grande famille et donc, compte tenu des normes de coopération en vigueur entre lignages bwamu, mobilisant une centaine ou plus de travailleurs accompagnés de griots. Cette collaboration collective était conclue par une « troisième mi-temps » bien arrosée de dolo – elle reste dans l'imaginaire de tous, Bwaba et Mossi, comme une des grandes manifestations où se ressourçait l'idéologie lignagère et clanique des Bwaba. Tous les vieux Mossi parlent de ces années et de ce spectacle des « champs de femmes » comme étant quelque chose qui les a marqués, et dont ils tirent une admiration pour ce peuple bwamu qui, par son anarchie apparente et son individualisme foncier, est si loin de leurs propres normes culturelles très hiérarchiques.

La révolte bwamu des années 1915-16 est citée fréquemment comme une cause de désordre du peuplement. Les confédérations bwamu, groupements de villages en accords d'échanges de femmes et de solidarité en cas d'agression d'une autre confédération, n'ont pas eu la même attitude vis-à-vis de la colonisation française. Certains villages et certains clans sont entrés en dissidence. D'autres ont refusé la révolte la jugeant sans issue. Ils n'ont pas collaboré avec le colonisateur de plein gré ou par fidélité à un drapeau tricolore qui ne devait guère les émouvoir, mais par lucidité quant à l'échec final certain de cette révolte malgré l'efficacité militaire des insurgés (Diallo, 1997). Le contexte international de l'époque (colonisation et première guerre mondiale) a donné à cette révolte son caractère extrême : acculés et défaits en plusieurs batailles, le dos au mur par la guerre franco-allemande sur leur propre sol, les Français ont montré une grande sauvagerie dans la répression, "cassant" plusieurs villages - le terme village *cassé* est un burkinabisme suffisamment éloquent pour donner une idée de la répression. Les villages étaient rasés, la population survivante dispersée, les sources d'approvisionnement en arcs (bosquets de bambou local) étaient brûlées. Tankuy avait été ainsi rayé de la carte en 1916. Durant cette révolte, Bondoukuy, qui n'était pas entré globalement dans la révolte, a livré de sanglantes batailles contre des troupes insurgées appuyées par une partie de la population locale, a été assiégé. Il a été dégagé *in extremis* par une colonne française dépêchée à la demande de Bondoukuy. Cette colonne eut plusieurs de ses ailes détruites lors de sa marche depuis

Bobo-Dioulasso. Par la suite, certains Bwaba de Bondoukuy, en délicatesse avec les Français pour avoir rallié les insurgés, ont été ailleurs se mettre au vert, quand d'autres qui n'étaient pas de Bondoukuy, mais en délicatesse avec les leurs pour avoir eu une meilleure estimation du rapport de forces, se sont « réfugiés » à Bondoukuy... Il reste de cette période un non-dit qui ressurgit dans des conflits sociaux de tout ordre entre les deux grandes familles de Bondoukuy, les Coulibaly et les Tamini. Pour des questions de préséance entre familles ou territoires ou à des occasions différentes comme par exemple la mise en place du cadastre dans Bondoukuy Préfecture les vieilles oppositions ressurgissent.

Pourtant, la période coloniale n'est pas citée négativement, quoique comme d'autres auteurs le supposent, cette défaite collective a dû peser lourdement sur la démographie bwamu et sur le dynamisme des Bwaba, tant par ses effets directs qu'indirects et proprement sociaux.

La période de l'indépendance n'est par contre pas citée par les chefs de famille, alors que c'est elle qui a provoqué le grand mouvement démographique connu par la zone : nous savons qu'elle a provoqué la venue de villages entiers du pays mossi, et même du Mali (le village dit Mali) où avait été déplacé ou déporté un groupe de Mossi pour y travailler comme colons agricoles, du temps de la colonisation française.

En conclusion, pour les habitants de Bondoukuy, tant Bwaba qu'étrangers, la cause principale de la migration est le fonctionnement de l'agriculture itinérante sur brûlis pour les Bwaba et la faim de terres pour les Mossi et autres (Marchal, 1972). Avec la particularité que les allochtones ont tendance à venir en groupe, ou se regrouper en originaires du même village de départ. Nous nous centrerons - sauf précision explicite - sur la seule comparaison Bwaba/Mossi, la seule qui ait un sens compte tenu du faible nombre d'allochtones non-Bwaba trouvés dans la zone.

La comparaison entre l'âge et la durée de présence nous prouve, si besoin en était, que les Bwaba « bougent » plus dans la zone, allant d'une terre de famille à une autre, exploitant les jachères par rotation lente... de quinze ans aujourd'hui, *grosso modo*, quand cette rotation couvrait de une à trois générations jusque dans les années 1960-70. Ils reviennent sur une terre cultivée par leurs grands-parents. *C'est-à-dire que les anciens champs des parents restent toujours pour leurs enfants* [enfants = descendants ; les locuteurs s'expriment souvent ainsi : *le champ de mon père revient à mon fils*].

Les Bwaba vont d'une terre à l'autre de par le grand espace dévolu à leurs ancêtres, symbolisé par la tenure éminente du chef de terre. Alors, ils restent peu longtemps, pratiquant l'agriculture itinérante dans toute sa plénitude. Les informateurs signalent que de temps en temps, tous les trente ou quarante ans certains villages bwamu se déplaçaient, pour être près de leurs terres, d'où cet exode à Doubassaho qui avait attiré notre attention, mais qui s'explique plus par des causes agronomiques que politiques. Les « clans », pour reprendre la terminologie franco-bwamu, ne se sont défaits que dans les vingt dernières années et jusque là, les Bwaba cultivaient selon leurs règles agricoles et leur pratique du travail collectif. Il s'agissait de cultures collectives : une foule de travailleurs avançait en ligne pour abattre la forêt, défricher, récolter, etc. Tout cela accompagné d'une flopée de griots tapant et chantant les louanges des meilleurs travailleurs qui rivalisaient. Le temps forts de ces traaux collectifs étaient les « champs de femme », travaux dévolus par le clan paternel et les amis du prétendant à la parenté de la femme convoitée, tandis que les femmes rivalisaient de leur côté à soutenir leurs champions par des chants et leur cuisine. Aujourd'hui, il semble impossible d'assister à de telles manifestations. Cette pratique agricole et agraire (qui réclamait des grands espaces d'un seul tenant) faisait que les terres libres étaient fort abondantes. Mais celles-ci avaient toujours été cultivées : en dehors des bas-fonds et des terres gravillonnaires, toute terre est censée avoir été cultivée au passé. A lire les documents en commentant les chiffres de durées de résidence, on se dit aussi qu'il faudrait rechercher dans la documentation historique les fondements du système agricole bwamu dont nous n'observons aujourd'hui que des reliques : les Bwaba du temps des clans et des grands champs collectifs demandaient des terres spéciales : lourdes (argileuses), mais pas de bas-fonds ou inondables, d'un seul tenant sur de grands espaces et les environnant des espaces libres en quantité suffisante pour s'adonner aux sports qu'ils pratiquaient de préférence : chasse, pêche (car ces activités avaient un statut plus de sport que d'approvisionnement), et toutes les collectes qu'eux-mêmes et leurs épouses pratiquaient quotidiennement dans la nature. Le système agricole bwaba des clans était donc un grand consommateur d'espace : d'une part parce qu'il demandait des terres cultivables, en accord écologique avec le système d'exploitation, vastes et d'un seul tenant, d'autre part parce que la taille des clans rendait ces terres rares et donc seulement présentes dans un grand espace englobant. Pour nous exprimer autrement : la demande d'un terroir agricole d'un seul tenant et vaste, ne pouvait exister que dans des territoires villageois vastes. Tous les observateurs sont formels : le système agricole bwamu demandait une configuration topologique et pédologique précise, mais nous n'en saurons pas plus vu notre information.

Les Peul surtout, mais aussi des Mossi, se montrent très observateurs, décelant dans une brousse très ancienne, de plusieurs décennies et de plus d'un siècle même, des traces d'habitat. Pour cela, ils ne se fondent pas sur des ruines ou à un ancien puits (comme celui trouvé par les Bwaba de Maamu), ce qui est aisé, mais à des signes d'exploitation dans la végétation laissés par la culture des terres qu'ils sont venus occuper après un siècle ou deux de déshérence. Duy, par exemple, est une terre dont les occupants ont disparu bien avant la révolte contre les Français ; on y a trouvé trace d'anciens hauts-fourneaux. Mais d'autres terres se révélaient anthropisées par leur parc d'*Acacia albida*, de karités ou de nérés.

Chassés par la faim et la pénurie de terres du vieux pays, les Mossi, une fois arrivés, trouvant le lieu à leur goût, avaient une stratégie de permanence. C'est dans ce manque de terre au départ, que se fonde leur assurance d'être enfin stables sur une terre riche avec des voisins un peu étranges mais fiables, quitte à y importer leurs techniques culturales plus intensives apprises au vieux pays quand les terres que leur ont données "leurs logeurs" ne sont pas très riches. Ils vont exploiter au maximum la « niche écologique » qui leur est accordée. Les terres trouvées à l'arrivée sont des champs ou jachères récentes (en y incluant les indéterminées et les « brousses peuplées », recolonisées par les Bwaba en faim de terres revenus dans leurs jachères ou sur leurs terres), ces terres ayant un lien fort non avec le logé mossi, mais avec le logeur bwaba : c'est-à-dire que celui qui cultive, sauf pour les « brousses-parking » pour reprendre le néologisme créé par Yézouma Coulibaly pour désigner les brousses résiduelles, est vraiment sur un siège éjectable, de par le statut des terres qu'il a obtenu et de par la faiblesse agronomique de ces terrains, ce qui peut le pousser au départ au moindre incident climatique ou écologique.

Dans les *Cahiers Yézouma* apparaît une distinction sur laquelle nous avons fondé nos analyses : il s'agit des « vieux

Mossi » venus dans les années antérieures à 1970 et les « jeunes Mossi » : ces deux groupes ont une perception très différente de leurs logeurs, et des pratiques culturales toutes aussi différentes.

Ceux que nous avons appelé les « vieux Mossi », connaissent bien les Bwaba, ils en parlent souvent la langue. Egalitaires et anarchistes, dépourvus parfois de tout sens politique, leurs logeurs leur paraissent à l'opposé de ce qu'ils sont eux-mêmes. Souvent, on trouve cette mention dans les *Cahiers* : *Un Bwa, quand il te dit non, c'est non. Oui, c'est oui. Tu peux discuter à fatiguer* [autant que tu veux], *il ne changera pas d'avis.* Ou encore : *Un Bwa, quand il s'énerve, tu fuis.* Cette remarque sur le caractère têtu des Bwaba est toujours assortie chez eux de l'admiration qu'ils ont éprouvée, en arrivant du « temps des clans ». Ces vieux Mossi nous enseignent que les descriptions du livre de Nazi Boni, *Le crépuscule des temps anciens*, sont restées longtemps vivantes. Ils savent de qui ils parlent quand ils parlent des Bwaba, de leur fierté, de leur ardeur au travail, de leur générosité, car ils ont été accueillis à bras ouverts quand eux-mêmes crevaient la faim. Notons que même dans le cas le plus favorable, les Mossi ne disposent pas de terres libres à défricher et effectivement, presque toutes les jachères sont le fait de Bwaba.

Ces vieux Mossi savent qu'ils n'ont de terres que celles qui sont déprisées par les Bwaba : sols gravillonnaires, bas-fonds, ou terres relevant de plusieurs chefs de terre, *no man's land* entre droits coutumiers, non pas des terres de non-droits, mais des terres qu'un Bwaba ne va pas cultiver sauf à avoir envie d'en découdre avec le village voisin. (Mais la compétition intervillageoise n'interdisait pas d'entrer dans l'ordre du ludique : les escarmouches entre villages, comme la chasse, était un sport fort prisé.) C'est donc sur des terres vacantes ou d'appropriation incertaine, ou encore de peuplement si ancien qu'elles étaient en déshérence que les Bwaba installaient les Mossi. Comme les immigrants venaient en groupe, les cultivateurs mossi « de base » et plus jeunes que ces "vieux Mossi" n'ont pas le sentiment d'être sur une terre bwamu mais de dépendre d'un chef mossi. La contribution annuelle en grains qu'ils donnent pour la terre, ils estiment la donner au chef du groupe, du village, au *naaba* et pas au chef de terre bwaba, un étranger non-mossi et donc pas tout à fait recommandable. Seuls les anciens des villages mossi connaissent où vont les dons : dans la caisse de solidarité des Bwaba - dont ils savent pouvoir bénéficier eux-mêmes en cas de pénurie.

Les jeunes Mossi (trente-quarante ans au plus) ont une image négative des Bwaba. Ils s'estiment plus malins que leurs logeurs faciles à corrompre selon eux, vaniteux et qu'il suffit donc de caresser dans le sens du poil pour les suborner... Mais tout cela est pure idéologie et contredite par les *Cahiers*.

Le vieillissement des chefs Mossi interpelle l'observateur et reçoit deux explications : la première c'est ce que les Bwaba appelleraient la « manie » des Mossi de rester ensemble, quand eux-mêmes, à la fois imprégnés d'esprit clanique mais individualistes forcenés, adorant la compétition inter-individuelle et inter-groupe, soit restent en famille, soit cherchent à acquérir leur indépendance ; les Bwaba traduisent cela en se moquant : *Quand il y a deux Mossi, il y a un chef*. Les chefs Mossi restent en place et ont un rôle effectif de chef jusqu'à leur mort, alors qu'un chef de terre bwaba par exemple est contrôlé par toute une cour d'aides qui lui dicte les décisions collectives qu'elle a prises en son sein. La société bwamu est nettement plus "démocratique" : à tout niveau les dépendants discutent les décisions prises.

Les Mossi eux aussi migrent, mais jeunes. De nombreux informateurs mossi insistent sur cet aspect : les voyages forment la jeunesse. *Qui est resté chez lui et n'a rien vu du monde, n'est pas un homme qui a l'esprit ouvert*... Cela est donc vécu comme une nécessité par eux : il faut bouger, mais pour connaître, pour se trouver un point de chute. Celui-ci repéré, on y revient, à plusieurs au besoin, réalisant le désir évident de tout Mossi : être chef, et comme dans ces sociétés de clans et lignages, on est difficilement calife à la place du calife, autant se chercher un royaume ailleurs, comme le commente la geste mythique des Mossi (Izard, 1995). On a là un des aspects les plus intéressants de la culture mossi : elle délègue (si tant est qu'on puisse par métaphore s'exprimer ainsi) des hommes, qui vont aller de par le pays tenter leur chance, repérer les lieux ; celui qui trouve un coin de paradis, celui-là peut revenir chez lui pour y entraîner les autres. Ainsi, impression fugitive donnée par le terrain et les données, on a comme le sentiment que si parler dans ce travail d'un "Mossi individualiste" est céder à la douce violence de faire un oxymore, par contre, pour un Mossi, exprimer son individualité ne peut passer que par l'acquisition d'un statut de « chef » quitte au système mossi à pousser les jeunes à l'émigration favorisant ainsi aux hommes plus âgés un accès à la polygamie. C'était déjà une hypothèse formulée par Pierre Lesselingue (†) en 1974[4] : que la culture mossi favoriserait l'émigration des jeunes. La polygamie ne serait qu'une conséquence de ce trait culturel, qui pourrait lui-même prendre en partie racine dans le système écologique mossi (tant sur le plan d'une nature inclémente vu la sécheresse pédologique du plateau mossi, que sur celui d'une culture globale de « type féodal » pour reprendre une image qui n'est pas exactement

---

[4] Communication personnelle.

correcte sur le plan anthropologique mais efficace sur le plan de la compréhension du phénomène).

Donc la migration des Mossi se stabilise dès qu'ils ont trouvé terre à leur goût, alors que les Bwaba vont d'un lieu à l'autre dans la même zone dont ils relèvent traditionnellement.

Le différentiel d'âges entre les chefs de concession mossi et bwaba attire une autre remarque : il faudrait savoir, ce que nos données ne nous permettent pas de discerner, si la tendance à « chasser » les jeunes hommes perdure chez les migrants mossi. Quelques informations qualitatives nous inciteraient à le penser, ce qui expliquerait que si 61 Mossi ont plus de 20 ans de résidence, 135 ont moins de 19 ans : il semble que les vieux Mossi auraient tendance à pousser hors de la concession leurs jeunes, autant par tendance culturelle que par tactique d'entrisme en pays bwamu. Mais cette observation doit être balancée par l'observation contraire : les vieux Mossi sont très proches des Bwaba quant aux reproches qu'ils adressent aux immigrés récents : *Un Mossi*, nous dit un Mossi, *quand tu lui dis de ne pas entrer là* [bois sacré par exemple], *il y rentre* ». A Bobo on dit : *Quand un homme coupe un arbre, c'est que c'est un Mossi.* Nous avons une large moisson d'exemples, dont de la documentation photographique, de nérés abattus pour prendre quelques fruits, de kapokier abattu dans un champ de Samogho pour en récolter les jeunes feuilles, de karité mis par terre pour en récolter plus rapidement les chenilles... (Fourgeau & Lacombe 2000). Il est vrai que tous reconnaissent : *Là où il n'y a pas de Mossi, alors, là tu peux dire que personne peut y vivre !* Car le fait est là : le Mossi, pour reprendre une figure de style dont nous savons ce qu'elle renferme de fausseté, est capable de survivre dans des conditions qui ferait ou font fuir tout autre homme : certes, ils viennent d'un pays difficile, mais aussi, on ne peut masquer l'idéologie qui sous-tend la volonté individuelle : être le premier à réussir quelque part, c'est la garantie de devenir chef s'il attire d'autres de ses compatriotes avec lui.

Les toponymes présentent un grand intérêt car ils présentent tous, ou presque, une signification. De cepoint de vue Les Mossi présentent donc deux grandes catégories : ceux qui sont des colons d'assez grande ancienneté et ont une culture mooré solide, ceux-là, en plus, ont appris le bwamu car ils étaient immergés dans un bain bwamu alors qu'ils répugnaient à parler la langue véhiculaire du Sud-Ouest, le jula ; ceux-là connaissent les toponymes. Les nouveaux arrivés eux les ignorent pratiquement toujours quand le toponyme est bwama, et souvent l'ignorent également quand le toponyme est mooré.

Vieux Mossi et tous les Bwaba dénoncent la pratique des "faux champs" néologisme local qui signifie qu'un paysan, Mossi presque toujours, va faire semblant de défricher un champ ou de le labourer pour l'abandonner ensuite. Nous verrons plus bas (chapitre 7, sur la jachère bwamu) que cette pratique est parfaitement contraire aux règles d'honneur d'un paysan bwaba. Cette pratique des faux champs interpelle parce qu'elle montre que le « système » est en attente de cultures de rotation qui ne seraient pas céréalière ou de rente (coton), mais de fourrages ou autre : mais il n'est pas encore dans la mentalité de planter de l'herbe ! Pourtant, le fait est là : la propriété réclame un autre usage de la terre alors que la tenure est première par rapport aux cultures.

Cependant l'infériorité numérique des Bwaba[5], car il y a infériorité numérique, est moins potentiellement source de conflits dans la mesure où les non-Bwaba ne sont pas un groupe ethnique homogène : 10% ne sont pas Mossi d'une part ;

[5] Nous n'avons pas de chiffres mais d'une part les Bwaba y sont minoritaires en nombre de familles et d'autre part les concessions bwaba sont plus petites de taille.

d'autre part les Mossi sont un groupe très complexe et pluriel ; enfin, les allogènes sont traversés par une sensibilité différente selon la durée de résidence : les vieux résidents sont fortement « bwabatisés », si nous risquons ce néologisme, et sont aussi critiques que les autochtones eux-mêmes vis-à-vis des nouveaux venus, arrogants, irrespectueux de la Terre et de la tradition de leurs « logeurs », grands consommateurs de terres par la pratique des « faux-champs » et destructeurs de la nature par des pratiques agricoles et forestières de type minier.

Si pour les moins de 24 ans de présence au lieu-dit les résultats sont significatifs, notons que tous les anciens résidents de tous les groupes ethniques ont un comportement semblable. Ceci est une preuve de plus de notre notation que le clivage est bien entre Bwaba et anciens résidents *vs* nouveaux résidents non Bwaba (plus quelques Bwaba externes à la zone, par exemple des Bwaba du Mali venus se réfugier ici). La question ethnique est un arbre qui cache une forêt de contradictions devant le statut de la terre. En conclusion, ce qui est important, c'est bien l'ethnie au premier chef, mais la durée de présence fonde un rapport de propriété très proche du premier critère.

L'intensification agricole est le grand défi de l'agriculture sur brûlis, grande consommatrice d'espace et demandeuse de terres reconstituées par de longues périodes de dormance. La théorie d'Ester Boserup (1970), disant que les terres exploitées intensément l'ont été comme effet positif de la pression démographique obligeant au changement, nous avons voulu tester cette hypothèse à partir des informations des *Cahiers Yézouma*. Il est apparu que les Mossi plus sous la pression du manque de terres ou par habitudes importées du vieux pays pauvre, pratiquent plus la culture agricole intensive. Mais les jeunes agriculteurs, de toutes les ethnies, s'y adonnent aussi à peu près également et d'une manière plus intense. Cela se remarque à la multiplicité des techniques intensives adoptées : anti-érosives, choix des semences, assolement, protection des champs et des récoltes…

Question ethnique ou ancienneté de migration ?

Partis de l'idée d'exploiter les *Cahiers* par un débroussaillage de l'information qu'ils contenaient en utilisant l'analyse dichotomique d'un répertoire de certaines questions qu'ils traitaient, nous en sommes arrivé à extraire des informations de première importance. En particulier, nous avons pu :

- différencier les migrants des autochtones, et principalement différencier l'immigration mossi face aux Bwaba dont Bondoukuy est un des hauts lieux historiques ;
- noter que les autochtones sont désormais minoritaires en nombre et en dynamisme économique : le potentiel explosif ivoirien se reproduit ici. Certes, Bondoukuy n'est qu'un cas : Jean-Pierre Jacob en pays winye, Bernard Lacombe en pays cerma, dit gouin et à Samorogouan et alentours, ont observé que les "locaux" gardent parfois le contrôle de la terre, et donc de l'immigration. Mais à Bondoukuy, les intérêts individuels ont fait éclater l'intérêt collectif : si celui-ci voudrait que soient refusés de nouveaux immigrants, ceux-là les tolèrent : nous avons de nombreux cas où des propriétaires de terres de culture font venir des Mossi pour travailler à leur place : cela ne s'appelle pas encore du fermage, mais reste de l'entraide. C'est pourtant des contrats filandreux où chacun apporte quelque chose dans une union supposée amicale mais psychologiquement tendue, et qui se cassera aux moindres incidents. Des brouilles mortelles entre

logeur/logé émaillent le quotidien, elles ne sont pas vécues comme cela, mais elles ont un soubassement économique et s'énoncent en termes idéologiques d'ethnies (termes qui sont une fausse représentation de la réalité). Personne ne peut prendre un ouvrier, alors on prend un « ami ». Curieusement, c'est dans cet espace que prennent pied les femmes et les jeunes dont les groupements louent les services leurs membres... ;

- notre analyse a permis de différencier entre eux les immigrants selon la durée de présence, contrevenant ainsi à l'idéologie commune qui veut poser la question foncière entre droits traditionnels et droit moderne, en termes de société traditionnelle/société moderne et en termes ethniques : nous avons vu que les migrants anciens sont plus proches des Bwaba que de leurs frères en ethnie plus récemment arrivés. Même si le potentiel ethnique pourrait être exploité pour des désordres dont tous auraient à pâtir, à l'image de ce que l'on voit en Côte d'Ivoire, nous devons ici insister que l'analyse ethnique est erronée.

Nous avons pu entendre que les cultivateurs ne sont pas un groupe homogène. Il se constitue en leur sein des différenciations entre des paysans marginaux, n'ayant que le grain pour vivre, et d'autres qui pourraient accumuler. Mais des habitudes sociales les freinent : les détournements de l'investissement en épouses, bénéfique à court terme pour le paysan (Traoré & Fourgeau 2006), et en biens fonciers urbains (Jacob 2001) n'aident en rien la question agraire. Mais que faire puisqu'ils ne peuvent contrôler leurs biens : terres et arbres et leurs produits ? Pour que cela de fasse, il faudra en passer par trois révolutions conjointes : la première agricole, technique, la seconde agraire, sociale, la troisième politique.

D'une part donc une révolution agricole qui verra le paysan "cultiver l'herbe" ou faire des fourrages, associer agriculture et élevage - et pas seulement effectuer des cultures de rente. Cette révolution technique verra ce même paysan entretenir sa terre et organiser sa fertilité renouvelée. D'autre part une révolution agraire qui verra le paysan enclore ses champs, et ce sera alors la fin d'une longue tradition millénaire d'alliance entre paysans tenants d'une agriculture itinérante sur brûlis et pasteurs nomades, les premiers sédentaires mais tournant sur de grands territoires villageois, les seconds grands nomades de la mer au désert, pour parler en image. Ce sera aussi une perte pour l'humanité d'une certaine conception du monde, d'un rapport à la nature et à la terre et un certain mode de relations entre eux. Car cela sera aussi la fin de la solidarité entre villageois. Solidarité encore vivante aujourd'hui, qui fait remettre une dette au débiteur, aider qui a moins que soi, les *Cahiers* en donnent de multiples exemples. Même si nous ne sommes pas des laudateurs béats de la société négro-africaine comme société parfaite, nous devons reconnaître ce fait. A la connaître de l'intérieur, on ne peut la juger parfaite en effet : les haines rentrées des sociétés paysannes, leur goût de l'égalité qui frise celui de la médiocrité... sont, entre autres traits, les négatifs des autres.

Mais tout cela ne pourra se faire que si les marchés internationaux laissent sa chance à ce paysannat. Ne lisant pas dans le marc de café, qui d'ailleurs n'est pas un produit du Burkina, nous ne savons rien de l'avenir, sauf à dire que la paupérisation des campagnes, comme celle de Bondoukuy ira s'accélérant : la ville ne pourra pas absorber le surplus de main-d'œuvre, en admettant qu'il s'y déverse, et ne se gonflera que de bidonvilles dont on nous annonce le nombre en explosion dans les organismes internationaux.

Les *Cahiers* posent donc dans toute son acuité la question foncière, car c'est elle qui est au cœur des relations dans la Bwamu de Bondoukuy entre autochtones et migrants, dont on peut espérer qu'elle saura ne pas dériver en confrontation. En effet, y compris les anciens immigrants mossi sont pessimistes : ils ne voient pas durer cette fraternité : nos enquêtes de l'hivernage 2003 nous disent bien *Tant que nos vieux logeurs seront là, tant que nous serons là, cela ira. Après...*, les jeunes Bwaba sont très remontés contre les immigrants, et les jeunes Mossi, même quand ils parlent bwamu, ont des comportements prédateurs et miniers sur le milieu naturel... Le fait est étonnant mais s'explique par une cause idéologique : islamisés, ils n'ont retenu des leçons reçues qu'un certain mépris pour des gens accrochés à leurs traditions, eux qui ont laissé les leurs au vieux pays. Quelques cas de « retours » au vieux pays du plateau mossi de jeunes nés à Bondoukuy sont significatifs : ils reviennent effarés de l'état d'arriération mentale et de la pauvreté de leurs parents d'origine. Ils ne seraient pas loin de penser ce que disent les Dafing de leurs frères restés au pays : des « sauvages ». Toute l'incompréhension est là, potentiellement dangereuse en l'absence d'une action politique et éducationnelle. Mais l'alphabétisation au Bwamu est difficile : la langue tonale du bwamu, ses variétés dialectales (au point où Barreteau, linguiste, se demandait si on avait bien affaire à une seule langue[6]) rendent difficile l'alphabétisation ; une alphabétisation d'envergure en jula est encore trop précoce, ou demanderait une volonté politique enthousiaste, ce qui semble hors de portée au Burkina des années que nous vivons, l'alphabétisation en mooré serait vécue comme une provocation par des locaux, dont certains, vont jusqu'à dire : *Le problème du Burkina, c'est les Mossi.*

---

[6] Daniel Barreteau, communication personnelle

Pour que ces tensions génèrent des conflits, il suffirait la découverte de riches ressources minières dans ces régions à forte immigration allogène, pays qui n'ont aujourd'hui pour vivre que l'agriculture, les ressources envoyées par ses migrants, l'aide internationale et la ténacité et la débrouillardise de ses habitants. Pour l'instant, le Burkina ne souffre pas des tares dont souffrent les pays assistés ou vivant d'une rente (Sid Ahmed, 1996) et c'est une des sauvegardes de la paix sociale au Bwamu de Bondoukuy avec le fait que les ressources minières actuelles ne sont jamais que des poches d'or trouvées qui font pousser des villes-champignons peuplées de Ghanéens et Maliens, vite gonflées, vite dégonflées, comme celle née auprès de Bagassi en fin 2001 et morte aux premières pluies de 2003.

Mais cette question foncière a le défaut d'écarter les vraies questions : l'espace est fini, la terre est surexploitée eu égard aux techniques de l'agriculture itinérante sur brûlis. On ne fera pas l'économie d'un bouleversement des rapports entre sexes et le renouvellement des générations ne se fera pas en investissant dans l'école française comme on le fait actuellement avec des classes de deux fois quatre-vingt dix élèves : 90 le matin et autant le soir pour résorber ces classes légales de 180 élèves, ce qui n'est pas un maximum[7].

Mais ces changements ne se feront pas seuls, ils ne peuvent qu'être portés et demandés de l'intérieur de la société : si le développement était un problème technique il serait déjà réalisé. Les idées techniques des agronomes et des scientifiques qui pratiquent des disciplines connexes pourraient être

[7] Chaque hiver, des classes d'enfants français, souvent des banlieues, viennent au Burkina "aider ces pauvres" en construisant des écoles, alors que toute la question est plutôt dans « quoi apprendre » que dans « où apprendre ». Sur ces ONG caritatives qui ont pris l'Afrique et le Burkina en particulier comme champ d'exercice, voir Sylvestre Ouédraogo, 2003, *L'ordinateur et le djembé*, L'Harmattan,

appliquées, mais elles souffrent d'être le produit d'une certaine pensée technique en porte-à-faux avec la logique sociétale locale. Les paysans qui testent des méthodes de fumure, d'assolement, qui essaient des variétés différentes pour faire face au striga, à la perte de la fertilité des sols, à la disparition de certaines plantes ne s'en sortiront pas non plus tout seuls : le temps se raccourcit autant que l'espace et la nécessité est criante d'ajuster la pensée des uns aux bonnes volontés des autres, et réciproquement.

Références

Alliot M. : *Un passeur entre les mondes, Le livre des anthropologues du Droit, disciples et amis du Recteur Michel Alliot.* Publications de la Sorbonne, Paris, avril 2000

Diallo Youssouf, 1997, *Les Fulbe du Boobola. Génèse et évolution de l'État de Barani (Burkina Faso)*, Köln : Koppe

Izard Michel, 1995, *Gens du pouvoir, gens de la terre: Les institutions politiques de l'ancien royaume du Yatenga (Bassin de la Volta Blanche)*, MSH, Paris

Guengant J.-P., Seignobos Chr., Sodter F. Y., 2006, *La jachère en Afrique Tropicale*, L'Harmattan

Lavelle P., *et al.* 1998. "Earthworms as a Resource in tropical Agroecosystems". *Nature & Resources*, 34 (1) : 26-41.

Boserup Esther, 1970, *Évolution agraire et pression démographique*, Flammarion, Paris,

Demazoin Rémi, 1999, *Les feux de brousses à Bondoukuy*, documents sur CD-ROM, IRD-Orstom Bobo-Dioulasso.

Voir le résumé spécialement rédigé pour cet ouvrage au chapitre suivant.

Lepage M., 1983, "Structure et dynamique des peuplements de termites tropicaux", in *Acta Œcologica / Œcologia Generalis*, Vol. 4, n° 1, pp. 65-87

Le Roy E., 1991, *L'appropriation de la terre en Afrique noire*, Karthala, Paris.

Sid Ahmed Abdelkader, 1996, *Économie politique de la transition dans les pays en développement*, PubliSud, Paris

Sodter F. Y. & Coulibaly R. Y., 2006, "Les Cahiers Yézouma", *La jachère en Afrique Tropicale*, pp. 135-144, L'Harmattan

Pour d'autres références voir ***Bibliographie générale***, page 183.

Deux pratiques quant à l'exploitation du bois :
l'une destructice, l'autre moins

Poterie (marché de Bobo-Dioulasso),
une pratique coûteuse en bois

Vente de charbon de bois le long de la route (Banfora)
une pratique en voie d'extension, très rare en 1999

Chapitre 3

Les feux de brousse à Bondoukuy (Sud-Ouest Burkina : observations 1996-1998)

Rémi Demazoin
Ingénieur agronome[8]

En 1984, dans le compte rendu du IVème Comité de la recherche forestière qui s'est tenu à Ouagadougou, on pouvait lire : *Les feux de brousse ont déjà fait l'objet de nombreux colloques scientifiques qui ont produit de volumineux rapports. Il ne s'agissait donc pas pour le comité d'organiser un "conclave scientifique" supplémentaire où l'information resterait séquestrée dans un univers clos de spécialistes. Il s'agissait plutôt de chercher à mettre en commun les expériences respectives de tous les participants pour dégager une stratégie réaliste en matière de lutte contre les feux de brousse en Haute-Volta* (CNRST–IRBET, 1984). Cette synthèse souhaite donc apporter une contribution à la définition de cette « stratégie réaliste » pour la maîtrise des feux de brousse.

Les discours autour des feux de brousse sont l'objet de controverses entre utilisateurs (chasseurs, éleveurs, agriculteurs…) et entre ethnies, chacun en renvoyant la responsabilité sur l'autre groupe et avec les autorités administratives quant à l'importance du phénomène. Ils ont depuis longtemps été au cœur d'importantes polémiques (entre partisans et détracteurs) impliquant même des rivalités d'ordre politique. Néanmoins, malgré leur interdiction administrative, leur place dans la société et leur utilisation par elle

---

[8] demazoin@supagro.inra.fr ; en poste pour l'IRD à Bobo-Dioulasso, 1999

n'ont jamais été réduites. Lors de la dernière décennie, l'approche politique du phénomène a largement évolué. L'interdiction absolue apparaissant comme illusoire, une politique de développement des mesures préventives, de gestion et de contrôle des feux a été mise en place, afin d'en limiter les conséquences néfastes (figure 1).

Pour avoir une vision exacte de la pratique des feux de brousse, il s'est avéré nécessaire d'obtenir des données les plus objectives possibles et une enquête a été mise en place sur un transect dans la Préfecture de Bondoukuy - Sud-Ouest du Burkina -, zone située dans la boucle du Mouhoun, appartenant à une région fortement affectée par les feux de brousse. Ce transect rassemble des terroirs ayant des dynamiques agraires différentes pour lesquels nous voulions mettre en évidence les caractéristiques géométriques des feux, leur dimension sociologique, les végétations et milieux affectés ainsi que les caractéristiques des zones non brûlées.

Dans le texte suivant, Monnier (1968 : 79-90) souligne bien toute l'ambiguïté de ce phénomène toujours spectaculaire et jugé parfois diabolique. Il pose bien le décor des débats.

Il est courant de caractériser l'Afrique des savanes par un phénomène spectaculaire, mais si intimement lié à ce paysage qu'il est devenu une banalité, le feu de brousse, toile de fond d'un monde exotique pour la plupart des Européens, élément normal de l'activité saisonnière pour l'Africain qui ne le conçoit pas sans portée pratique. [...] Toute une littérature [...] en a retenu l'aspect « diabolique » qui s'accordait bien avec l'atmosphère de mystère baignant ce continent noir inconnu [...]. Plus près de nous, le cinéma a retenu dans le feu de brousse, outre cet aspect d'exotisme et d'insolite, le côté esthétique, la beauté grandiose d'une immensité totalement abandonnée à la flamme, satanique et sanctifiante à la fois. Le cinéma a rendu avec émotion ce scintillement de couleurs, ce grouillement anarchique de vie face à la menace, cette libération d'éléments atteignant des dimensions cosmiques, puis cet apaisement qui suit les grands bouleversements. C'est en effet un spectacle peu ordinaire, surtout la nuit. A plusieurs kilomètres, une rougeur énorme apparaît à l'horizon [...]. Plus on s'approche et plus le spectacle devient fascinant, tandis qu'aux couleurs chatoyantes s'ajoutent les bruits. Un immense serpent de feu rampe lentement, dévorant sur son passage l'épaisse couche végétale qui frémit. Au crépitement de la flamme dans l'herbe sèche se joint l'incessant frémissement des insectes en fuite. Parfois, une gerbe d'étincelles jaillit et une multitude de points lumineux qui s'évanouissent aussitôt donnent l'illusion d'un merveilleux feu d'artifice. [...] A distance, dans la zone déjà brûlée, la terre semble fumante. Puis, l'anneau de feu se divise, [...] et bientôt il n'y aura plus que quelques torches avec parfois des éclatements de lumière. Enfin peu à peu, la nuit recouvre tout et comme de minuscules tabernacles plantés dans la nature, on peut voir çà et là de petites lumières tremblotantes qui sont autant de rôniers morts se consumant lentement.

Les caractéristiques générales des feux de brousse

La notion même de « feux de brousse » est contestée. Il s'agit d'un terme à connotation péjorative. Certains lui préfèrent le terme de « feux de végétation » ou de « feux courants ». Ce dernier correspond le plus à la réalité car les « feux de brousse », sont des feux courants en surface dans la prairie (plus ou moins boisée) consumant rapidement (*flaming*) la strate herbacée (Menaut, 1993). Néanmoins, nous utiliserons quand même le terme de « feux de brousse » qui est le plus utilisé. Il ne faut pas les confondre avec le brûlis qui est une technique culturale (agriculture itinérante sur brûlis, *Shifting cultivation*).

Le feu pose encore un problème scientifique majeur dont les implications dans la gestion et la conservation des milieux naturels sont majeures (Menaut, 1993). S'affrontent deux thèses :

1. les feux sont une excellente chose ou au moins nécessaire au déroulement du cycle végétal. Ils sont utiles pour obtenir une vitalité satisfaisante des biocénoses des savanes. Ils font partie d'un rituel et sont inévitables pour des raisons économiques ;
2. les feux sont anti-naturels, il s'agit d'un épisode surajouté

toujours néfaste qui est qualifié de fléau, de catastrophe écologique ou d'action anthropique.

La saison majeure de développement des feux se situe dès la fin de la saison des pluies de novembre à mai environ. Deux phases sont distinguées :

- ✓ une phase de recrudescence (novembre – janvier) : phase ascendante du phénomène avec un triplement des surfaces brûlées au cours de cette période ;
- ✓ une phase de stabilisation (février – mai) : les surfaces brûlées et le nombre de feux baissent en raison d'une diminution de matériel combustible.

D'après CNRST-IRBET (1984), les feux débutent en novembre dans les zones d'affleurements latéritiques où les sols peu profonds sont colonisés par des graminées. Les sols plus profonds des interfluves, porteurs d'une végétation plus dense, s'essorent en novembre et brûlent en décembre. Enfin, les bas-fonds peuvent brûler de janvier à mars au fur et à mesure que leur végétation hydrophile s'assèche.

Causes et conséquences des feux

L'origine des feux relève de trois causes principales :

- ✓ les causes naturelles : il s'agit des moins nombreuses voire des plus anecdotiques - comme la foudre -, la fermentation des herbes denses et sèches, l'échauffement du sol, la présence d'un bout de verre faisant un effet de loupe ou l'utilisation d'outils (machette) et leur frottement du fer avec des pierres produisant des étincelles ;
- ✓ les causes humaines involontaires : pour la population, il s'agit des feux les plus nombreux. Ils sont dus à l'imprudence, à la négligence, ou à la fuite des responsabilités. Sont rangés dans cette catégorie, les feux

liés à la préparation des champs, au défrichement, les feux allumés par les enfants pour la chasse au rat, les feux pour la recherche du miel. En effet, tous ces feux ont certes un but précis mais s'ils dépassent leur cadre ou qu'ils sont mal contrôlés, les dégâts engendrés sont totalement involontaires ;

- ✓ les causes humaines volontaires : ils sont très nombreux et sont le résultat d'une volonté délibérée de mettre le feu (coutumes locales, malveillance, origine crapuleuse, mesure d'hygiène, chasses collectives, renouvellement des pâturages, pare-feux, préparation de la potasse...)

Les conséquences des feux sont diverses et font l'objet de débats car les désaccords sont nombreux. Elles peuvent être divisées en plusieurs catégories :

- ✓ les effets sur les sols : fertilisation, regain ou ralentissement de l'activité biologique ou chimique, effets sur les propriétés physiques (flagellation, dégradation mécanique, érosion...) ;
- ✓ les effets sur la végétation : les espèces végétales ont développé différents systèmes montrant leur adaptation aux feux (présence d'une couche subéreuse épaisse, forte aptitude à la régénération végétative par rejets des souches, capacité de se comporter comme de véritables géophytes ou hémicryptophytes) ;
- ✓ les effets sur la strate herbacée : dans les zones sèches, les graminées pérennes en touffes se maintiennent bien en régime de feux précoces mais souffrent des feux tardifs (Monnier, 1968). Le feu favorise l'émergence rapide d'espèces de petite taille qui disparaîtront ensuite recouvertes par les graminées cespiteuses. Les feux de pleine saison des pluies sont catastrophiques. Le passage précoce accroît la durée de la phase de croissance active

de la végétation - et la biomasse finale – s'il y a une pluie après. Les feux tardifs ne sont nocifs que s'ils passent alors que la repousse a déjà eu lieu. S'ils passent avant, ils stimulent d'autant mieux sa régénération ;

- ✓ les effets sur la strate arborée : d'après Menaut (1993), les feux tardifs sont très destructeurs sur la strate arborée. Pour Monnier (1968), les arbres deviennent de plus en plus tortueux et de plus en plus petits. Le feu a deux modalités d'action sur la strate arborée : une action directe (petits arbustes, formations buissonnantes, branches basses), une action indirecte liée à la chaleur dégagée sur les feuilles ;
- ✓ les conséquences socio-économiques des feux : on observe une baisse du potentiel biologique, une baisse de la productivité des systèmes agraires. Ceci entraîne une transhumance des éleveurs pour trouver des pâturages. C'est donc un frein à la production agricole et à la réalisation de l'autosuffisance alimentaire. Signalons enfin que les dégâts des feux de brousse ne sont pas que matériels (destructions d'habitations), il peut y avoir aussi des pertes en vies humaines.

Il est donc nécessaire d'envisager une lutte contre ces feux ou tout au moins d'en raisonner l'utilisation. La controverse est toujours restée vive entre partisans et adversaires des feux de brousse, ce qui fait écrire à Aubréville : *les discussions entre convaincus et négateurs de l'action néfaste des feux de brousse ont pris souvent un tour polémique qui évidemment n'a pu que nuire à l'objectivité des débats* (*in* Monnier, 1968).

La politique de lutte contre les feux de brousse au Burkina Faso

Nous disposons d'un texte du Comité de la recherche forestière de 1984.

Toute nouvelle législation en la matière doit nécessairement tenir compte des suggestions suivantes :

- ✓ *l'interdiction absolue des feux demeure illusoire ;*
- ✓ *les feux utilitaires et coutumiers doivent faire l'objet d'un contrôle strict ;*
- ✓ *les nouvelles structures politico-administratives doivent être pleinement responsabilisées depuis le bas et la responsabilité collective des villages reste prise en compte ;*
- ✓ *des dispositions doivent être prises pour faire profiter les villages des recettes dues aux infractions.*

Un accent particulier doit être mis sur le développement des mesures préventives :

- ✓ *sensibilisation, éducation et formation des villageois, sensibilisation et responsabilisation des citadins ;*
- ✓ *éducation à la protection de l'environnement dans l'enseignement ;*
- ✓ *développement des diverses utilisations de l'herbe ;*
- ✓ *approfondissement de la connaissance sur la pratique des feux ;*
- ✓ *mise en chantier d'un code agro-sylvo-pastoral.*

C'est dans cet esprit qu'a été mis en place une nouvelle approche de la gestion des feux au Burkina Faso dans la province du Houët (Kouna, 1998).

L'enquête sur les feux : campagnes 1996-97 & 1997-98

473 feux ont été recensés en deux campagnes d'enquêtes. Les superficies brûlées sont très importantes : 57 % en 96/97 et 67 % en 97/98 (exprimé en pourcentage de la zone d'étude). Cela représente environ 90 % de la zone « brûlable », une fois exclus les champs récoltés ou non qui ne brûlent pas.

Ces feux sont : nombreux, de petite taille (50 % des feux ont une superficie inférieure à 14 hectares) et de courte durée (50 % des feux ont une durée inférieure à 4 heures). La taille des feux pourrait laisser croire que les feux ne s'étendent pas du fait d'un contrôle rigoureux. Cependant, nous verrons ultérieurement que ce n'est pas le cas. En revanche, le paysage en mosaïque, où alternent les champs, les jachères, les forêts, les zones incultes, les voies de communications... limite l'étendue des feux. Si des différences entre les deux années sont observées, la cause peut aussi être climatique.

Les feux recensés ont lieu essentiellement en journée et se développent rapidement : 90 % des feux ont une « vitesse » inférieure à 20 hectares/heure (soit 50 % des superficies brûlées en 96/97 et à 70 % en 97/98). Ils sont essentiellement des premiers feux (peu de zones brûlent plusieurs fois) et se développent essentiellement sous vent d'est dans le sens du vent. Les feux ont pour origine les champs récoltés et les jachères mais des superficies importantes sont brûlées à partir de feux sur les cuirasses ou d'origine lointaine.

Ils sont essentiellement allumés par des hommes et des enfants (les femmes et les enfants sont moins représentés car face à ce problème, ils assument moins leur responsabilité), appartenant aux ethnies Bwaba (50 à 60 %) et Mossi, les deux groupes qui à eux seuls font la totalité de la population (*Cf.* Sodter, in *JAT*, 2006). Ces acteurs ont agi de façon isolée en 96/97 et de façon groupée en 97/98. Cette évolution pourrait s'expliquer par la présence des comités anti-feux qui préconisent une action groupée pour un meilleur contrôle. Les feux restent non ou mal contrôlés. Cela signifie que si les gens mettent le feu pour une raison précise, ils ne sont pas toujours en mesure de limiter les conséquences de celui-ci et son expansion.

Les feux résultent de l'action des chasseurs, des activités liées à la potasse et au nettoyage des abords de case ou de champs. Des superficies importantes sont brûlées à cause des feux de précaution (création des pare-feux). Il est intéressant de signaler aussi une des raisons qui ressort : le brûlage des résidus ou herbes pour éloigner les troupeaux des Peuls, faisant ressortir un peu les conflits pouvant exister sur la zone entre les ethnies. La grande majorité des feux se produisent sur la zone cultivable mais cela correspond à des superficies brûlées équivalentes à celles de la zone inculte. On voit là l'importance de la mosaïque de végétation. Sur la zone cultivable, cette mosaïque est effective avec l'alternance des différents champs et des jachères. En revanche, la zone inculte est quasiment d'un seul tenant et est donc plus propice au développement de grands feux. Les feux se développent essentiellement sur les jachères, les champs récoltés et les cuirasses alors que les zones plutôt épargnées sont les forêts et les champs non récoltés. Ils s'arrêtent par l'action de l'homme, ou la présence d'un obstacle à leur propagation (routes, champs).

L'évolution spatio-temporelle des feux de brousse

Même s'il y a des feux toute la saison, on note un grand nombre de feux et une grande superficie brûlée entre novembre et janvier, avec des pics à certains moments. Pour la saison 97/98, les feux sont plus précoces qu'en 96/97. Entre les deux saisons, il semble y avoir un cycle. On peut proposer deux explications à ce phénomène : un décalage climatique, essentiellement lié à la pluviométrie et l'impact des recommandations de feux précoces par les services de l'agriculture et de l'environnement.

Les feux sur la zone inculte ont essentiellement lieu en début de saison alors qu'il y a des feux tout au long de la saison sur la zone cultivable. Ceci est confirmé en terme de formations brûlées puisque les cuirasses brûlent en début de saison alors que les champs et les jachères se consument tout au long de la saison. Les feux débutent majoritairement dans la région des aires de cuirasses et de collines servant de parcours principal aux troupeaux des Peuls notamment. Ils se répandent ensuite sur le plateau où sont les vieux villages bwaba (Mokouna, Bondoukuy, Tankui, Silmimossi) et des foyers secondaires se créent. On observe alors alternativement des phases d'expansion et de concentration autour des foyers.

Toutes les catégories d'espèces sont touchées par les feux : que ce soit les annuelles, les graminées pérennes, les arbustes et buissons, les arbres ou les légumineuses. Les espèces ne sont pas toutes affectées de la même façon par les feux : certaines sont beaucoup plus touchées que d'autres. Par exemple, le karité (*Vitellaria paradoxa* Gaertn.) est une espèce sensible aux feux alors que le néré (*Parkia biglobosa* (Jacq.) Benth.) est tantôt sensible, tantôt non affecté selon des conditions locales.

La lutte contre les feux

La lutte contre les feux est essentiellement le résultat d'une action groupée : un intérêt commun peut être trouvé. Par exemple, la protection des habitations ou des champs. Elle est essentiellement conduite par des hommes ou des adultes (femmes ou hommes) aidés par des enfants. Les Bwaba et les Mossi ainsi que les Peuls participent activement à cette lutte, ils cherchent à stopper les feux pour que leurs troupeaux puissent pâturer. La présence des Peuls (faible par rapport aux deux autres), peut s'expliquer par les conflits liés à l'utilisation des pâturages, et leur effectif globalement faible en termes relatifs.

La moyenne de durée de la lutte est d'environ une heure et demie. Pour les feux qui ont une durée très importante, la durée de la lutte reste malgré tout courte pour deux raisons :

- ✓ un essai de lutte mais devant son échec, elle est abandonnée ;
- ✓ le positionnement de la lutte vers la fin du feu marquant alors, en général, sa réussite.

Elle a lieu sur des endroits très variés (champs, jachères, abords de cases ou de village, cuirasses, brousses...) Elle est menée dans le but essentiel de protéger les pâturages et les animaux ainsi que, dans une moindre mesure, pour la protection des habitats et des récoltes. D'autres raisons sont aussi invoquées : personnes fragiles, karités, résidus de récolte, jachères herbeuses, risque de conflits, pour limiter l'étendue brûlée, par principe ou par précaution, jardins, peur des parents ou autorités, ruches, fagot, cimetière, bois ou arbre sacré.

La lutte s'effectue grâce à des branches (60 à 70 % des cas), des pare-feux ou en utilisant des moyens combinés. Ces moyens ont une grande efficacité puisque la majorité des luttes sont couronnées de succès (80 %). L'utilisation de plusieurs moyens de lutte associés permet une efficacité beaucoup plus importante. Les échecs concernent des superficies relativement importantes : ils se concentrent sur des feux étendus qu'il est donc plus difficile d'arrêter. On constate que pour les données inconnues, l'efficacité est faible. Est ce que cela ne correspondrait pas à une façon de masquer, en ne se souvenant plus ou en souhaitant ne pas se souvenir, des moyens de lutte inefficaces ?

Il est intéressant de comparer les auteurs des feux et les auteurs de la lutte. Le plus frappant est relatif au nombre d'auteurs. En effet, si dans le cas de la mise à feu, les auteurs agissent indifféremment isolés ou groupés, la lutte se fait essentiellement en groupe. Par ailleurs, dans les deux cas, les hommes sont impliqués mais ils le sont de façon plus prépondérante dans la lutte, alors que les enfants et les femmes impliqués dans la mise à feu le sont beaucoup moins dans la lutte. Enfin, côté ethnie dans les deux cas, on retrouve les Bwaba et les Mossi avec l'apparition des Peuls pour la lutte (nous avons déjà expliqué les raisons de leur intervention, liées au pâturage de leurs troupeaux).

Les caractéristiques des zones non brûlées

Les zones non brûlées ne représentent que 8 à 10 % de la zone d'étude, auxquels il faut ajouter les champs récoltés ou non qui ne brûlent pas. Tout comme les feux, il y en a beaucoup et de petite taille.

Ces zones n'ont pas brûlé car il y a eu une lutte pour la protection des zones de pâturage. Il s'agit donc d'un souci pastoral et de nutrition des troupeaux. Cette raison ressort parmi beaucoup d'autres : garder l'herbe pour d'autres usages, lieux d'aisance, cimetière, bois sacré, pour protéger cases, pour protéger jardins, naturellement protégé du feu (champs, anciens feux...), présence de nérés, présence d'un champ non récolté ou d'un stock de coton, incombustible (humide ou vert), lieu hanté qui ne veut pas brûler.

Dans la majorité des cas (environ 50 %), il y a eu une lutte pour empêcher la zone de brûler. Dans 30 à 40 % des cas, le milieu était naturellement protégé et ne nécessitait donc ni lutte, ni menaces. L'utilisation de ces dernières, bien que faible, semble nécessaire dans certains cas (15 %).

Les zones appartiennent à la collectivité tant Mossi que Bwaba. Un nombre important de ces zones se trouvent sur le domaine cultivable même si en superficie, elles sont aussi importantes sur la zone inculte. Les formations de jachères herbeuses et arbustives forment la majorité de ces zones (60 à 70 %). Il s'agit en effet des zones de pâturage des animaux qui sont conservées.

Dans près de la moitié des cas, ces zones seront brûlées plus tard augmentant encore les superficies brûlées.

Les pratiques liées aux feux chez les Mossi et les Bwaba

Les Bwaba, propriétaires éminents de la terre (Sodter, Lacombe, *JAT*, 2006 ; Lacombe, chapitre 6, *infra*) sont à l'origine de plus de feux que les Mossi. Le nombre de feux pour lesquels l'ethnie de l'auteur du feu est inconnue est très important (56 à 64 %) et cela nuance considérablement nos conclusions. Cette part est encore plus importante en terme de superficie. Visiblement les auteurs des feux assument les petits feux. Quand il s'agit d'un grand feu, il n'a pas été possible d'identifier l'ethnie de l'auteur de ce feu. Les Mossi sont responsables de feux quasiment tout au long de la saison alors que les Bwaba ne s'en reconnaisset les auteurs que lors que les feux se situent en plein cœur de la saison sèche. Il y a légèrement plus de surfaces brûlées de la responsabilité des Mossi.

On note un rôle plus important des Bwaba dans la mise à feu des jachères et des champs alors que pour les Mossi, il s'agit des cuirasses et des bas-fonds. Les feux allumés par les Bwaba proviennent de façon plus importante des jachères alors que ceux allumés par les Mossi viennent des champs. Le rôle des hommes est beaucoup plus important chez les Bwaba alors que chez les Mossi, on note un rôle important des femmes. La mise à feu chez les Mossi est plus une affaire collective que chez les Bwaba.

Les Mossi semblent mieux contrôler les feux. En effet, un plus grand nombre de feux allumés par les Bwaba sont arrêtés par une route ou un champ alors qu'un nombre plus important de feux allumés par les Mossi s'arrêtent grâce à l'intervention humaine, mais le lieu des feux explique aussi ce caractère.

Il y a un nombre important de feux et de superficies brûlées allumés par les Bwaba sur des sites Mossi et réciproquement. Ceci peut être source de conflits entre ethnies. La lutte chez les Bwaba est essentiellement assurée par les hommes et de façon isolée. Globalement, il semble que les Bwaba soient moins actifs dans cette lutte que les Mossi. Par ailleurs, les Mossi luttent contre de plus grands feux que les Bwaba.

Les feux sur les jachères

Les feux sur les jachères sont les plus importants en nombre (40 %). Ils démarrent très doucement en début de saison avant de prendre de l'ampleur au cœur de la saison et devenir plus importants que les feux sur les collines et cuirasses. En terme de superficies, les feux sur les jachères ne sont jamais les plus importants. Ils sont toujours dépassés par les feux sur les collines et cuirasses. Ils proviennent en grande majorité des jachères (50 à 60 %) mais aussi des champs. La disposition en mosaïque entre les champs et les jachères est alors propice au passage du feu d'une zone à une autre. Les feux de jachères sont toutefois plus souvent allumés par des Bwaba que par des Mossi. Cela est à rapprocher du fait qu'il y a plus de jachères sur les territoires Bwaba que sur ceux des Mossi qui ont tendance à tout cultiver.

Ils sont dus aux activités domestiques. En effet, les jachères sont un lieu d'intense activité de cueillette, de ramassage du bois et d'activités diverses comme la collecte du miel. Les activités pastorales et de chasse ne sont pas à négliger non plus. Les Peuls jouent également un rôle très important dans l'arrêt des feux sur les jachères en comparaison avec les autres feux. Les jachères sont un lieu primordial de pâturage pour leurs troupeaux. Cela réduit d'autant l'implication des Mossi et des Bwaba dans la lutte contre ces feux.

Conclusions

On a ainsi mis en évidence de façon objective la pratique des feux de brousse et leurs caractéristiques. Pour une utilisation efficace de ces résultats, il semble important de faire ressortir quelques idées fortes qui pourront servir de base aux autorités administratives locales voire nationales et aux vulgarisateurs afin de mettre en œuvre une politique adaptée aux feux de brousse.

« Tout brûle » (ou presque)

Malgré les interdictions, les feux sont un élément des systèmes d'exploitation. Ils jouent un rôle social important. Le feu est quasiment toujours allumé avec un objectif précis. Les populations ne sont donc pas prêtes à les abandonner. Cela confirme le fait qu'il semble illusoire d'interdire totalement les feux. Il faut donc rechercher une solution concertée pour une gestion et un contrôle efficace des feux, contrôle qui fait fortement défaut.

« Les auteurs des feux agissent seuls, la lutte contre le feu se fait en groupe »

Il existe une coopération entre les acteurs dans la difficulté (lutte contre le feu). Il est donc possible de s'appuyer sur cette entraide pour bâtir une gestion et un contrôle des feux. En revanche, l'individualité dans le déclenchement des feux est une barrière qu'il faut franchir, peut être notamment en responsabilisant les populations. Toutefois, il semble que des premiers effets de la nouvelle approche des feux se fassent sentir dès la deuxième année d'enquête (97/98) puisqu'ils sont le résultat d'une action groupée lors de cette saison. Ceci permet un meilleur contrôle du feu dès son origine.

« Toutes les catégories de personnes sont à l'origine du feu »

Des enfants aux adultes, des femmes aux hommes, quelles que soit l'ethnie et l'activité pratiquée, ils sont tous impliqués dans la mise à feu. Dans l'optique de préconisations de gestion, le message devra s'adresser et être compréhensible par chacun de ces acteurs. Des messages spécifiques devront donc être élaborés.

« Une lutte efficace est menée avec des objectifs précis »

Certaines zones sont ainsi très bien protégées. Les gens savent donc lutter contre le feu pour sauvegarder certains intérêts (notamment les pâturages). Les moyens de lutte sont efficaces. Les techniques de lutte sont donc parfaitement maîtrisées par les populations mais elles ne sont que bien trop souvent utilisées en curatif et non préventivement à une extension démesurée du feu.

Ce travail a permis de mettre en avant la complexité des feux et leur importance. Ils occupent en effet une grande partie du territoire. Toutefois, nous avons vu parfois combien il est difficile de dégager des généralités sur les feux tant ils sont sujets à des variations d'une année sur l'autre. Suivant que l'on s'intéresse au nombre de feux ou aux superficies, les conclusions peuvent différer. En cela, Monnier (1968) avait raison quand il écrivait que les feux de brousse apparaissent comme l'un des problèmes-clefs des pays tropicaux. Les difficultés d'un tel problème résident dans son caractère multiforme : chaque feu est un cas d'espèce qu'il convient de replacer dans son véritable contexte où interfèrent les autres termes fondamentaux du complexe écologique : le climat, le sol, la végétation et l'homme.

Si les populations semblent depuis longtemps hermétiques à une interdiction totale des feux, il s'avère que bon nombre d'éléments sont présents pour qu'elles soient réceptives à une gestion plus rationnelle des feux, sous réserve que le message soit compréhensible et compris par tous.

Références

Ag Ibrahim, M., 1999, "Gestion des feux de brousse : Salif Diallo en croisade dans le Mouhoun". *Le Pays*, n°1861, mardi 6 avril 1999, p. 6, 15.

CNRST–IRBET, 1984, *IVè Comité de la recherche forestière : Réunion spéciale sur les feux de brousse.* Ministère de l'enseignement supérieur et de la recherche scientifique, Ouagadougou, 22-23-24 février 1984.

Demazoin R., Korogho B., Lavenu f., Serpantie G., 1999 & 2000 : *Feux de brousse en savane soudanienne: cas de la région de Bondoukuy, saisons 96/97 et 97/98.* Poster, mars 2000

Feux de brousse en savane soudanienne: cas de la région de Bondoukuy, saisons 96/97 et 97/98. Séminaire de restitution du Programme "Gestion et amélioration de la jachère", communication écrite, 26-28 avril 2000, Ouahigouya

Etude sur les feux de brousse dans la région de Bondoukui lors des saisons 96/97 et 97/98. Document de travail, mars - août 1999.

Devineau, J.-L. & Guillaumet, J.-L., 1992 "Origine, nature et conservation des milieux naturels africains : le point de vue des botanistes". *Afrique Contemporaine, L'environnement en Afrique*, n° 161 (spécial), 1er trimestre 1992, p. 79-90.

Kiema, S., 1993, *Enquête auprès des agropasteurs sur les feux de brousse dans les pâturages naturels de Bondoukui.* CNRST-IRBET-ORSTOM, mai 1993, 14 p.

Kouna, N., 1998 *Une expérience sur la nouvelle approche de gestion des feux au Burkina Faso : cas du PNGT dans le Houet.* Ministère de l'Agriculture, Secrétariat général, PNGT EMP/Houet, octobre 1998, 7 p.

Menaut, J.-C., 1993, "Effets des feux de savane sur le stockage et l'émission du carbone et des éléments-trace". *Science et changements planétaires, Sécheresse,* AUPELF-UREF, n°4 vol. 4, décembre 1993, p. 251-263.

Monnier, Y., 1968, *Les effets des feux de brousse sur une savane préforestière de Côte d'Ivoire. IX Etudes éburnéennes,* Direction de la recherche scientifique, Ministère de l'éducation nationale de la république de Côte d'Ivoire, Abidjan, 1968, 260 p.

Sanon, R., 1999, Lutte contre les feux de brousse lancement d'un projet pilote. Le journal du soir, n°1353, mercredi 7 avril 1999, p. 2-3.

JDD, 1999, "Feux de frousse", *Journal du Jeudi,* N°395 du 15 au 21 avril 1999

Voir aussi *Bibliographie générale*, page 183

Fillettes allant collecter du bois
(avec la hache dans leur sangan, "bât de tête")

Transport de bois de chauffe vers la ville (Kaya)

Une pratique nouvelle : arbre servant de grenier à fourrage (Dori)

Hersage à Sara (pays bwamu)

Chapitre 4

La condition paysanne au Burkina I : Migration paysanne et zone écologique

Bernard Lacombe
&
Sylvestre Ouédraogo

Problématique

Après des recherches d'anthropologie et d'enquêtes qualitatives réalisées sur la question de la jachère depuis 1998, il avait été décidé de poursuivre ces travaux en tentant de produire des données qui porteraient sur la double dimension 'migration' et 'écologique'. D'où un projet d'une enquête par questionnaires qui a visé à obtenir une image certes non statistique mais conforme à la réalité. Pour cette recherche, nous avons décidé d'effectuer une étude par quotas (méthode utilisée par les sondages d'opinion) de façon à obtenir des comparaisons entre âges et situation matrimoniale (célibataires, monogames, polygames, veufs et divorcés). En effet, une autre méthode ne pouvait être employée puisque nous ne disposons pas d'une base de sondage qui nous permettrait une élaboration plus raffinée du tirage. Le choix des zones a été totalement un choix raisonné.

L'idée de départ de cette enquête prend en compte deux grands faits : d'une part, l'amoindrissement des espaces libres en jachères très vieilles (sur deux ou trois générations), ou d'espaces jamais cultivés de mémoire d'homme ; d'autre part, l'extension des surfaces cultivées par la pratique de cultures de rente, comme celle du coton, qui amène à raccourcir ou à surexploiter les terres agricoles en interdisant pratiquement aux paysans de recourir à la jachère de leurs propres terres pour leur régénération. D'autres phénomènes connexes ne sont pas traités ici, la démographie tant dans sa composante de croissance naturelle que de croissance migratoire ; le changement des modes de production et la modification du statut de la femme (Traoré & Fourgeau, 2006).

Nous avons l'habitude de parler en matière de techniques d'enquête de terrain de variables dépendantes et indépendantes. Ces dernières, par définition ne varient pas dans le cadre de l'enquête, au contraire des variables dépendantes. Les grandes variables indépendantes sont le point de vue par lequel les autres variables sont analysées. (Une enquête réalisée, le terrain souvent bouleverse les points de vue et réclame que l'accessoire devienne essentiel et qu'une variable annexe, collectée presque par hasard, à titre de contrôle, devienne déterminante . L'analyse ne reste jamais figée par les idées a priori qui ont dirigé la confection du questionnaire et l'enquête de terrain.) Dans une enquête, il est obtenu trois sortes de données : celles que l'on recherche, qui demandent parfois de 'ratisser large' dans le champ investigué, des questions de gestion (lieu, nom, prénom, etc.), et des questions de 'calage'. Ces dernières sont peu analysées car elles posent de difficiles problèmes de significativité compte tenu du mode de collecte (on insiste assez peu sur elles dans la formation des enquêteurs *Cf.* Lacombe, 1997). Cependant elles présentent parfois un certain intérêt.

Nous avons donc organisé une enquête portant sur le monde paysan dans cinq zones choisies de façon à pouvoir repérer le jeu de deux grandes variables : la migration ce qui revient, compte tenu du pays,à cibler Mossi et autres, et la zone écologique : savanes sèches (≤ 700 mm de pluies) et savanes humides (≥800 mm). La description de cette enquête est présentée par Lacombe, Ouédraogo & Traoré, chapitre 8 de *JAT* 2006 : "une enquête migration et travail au Burkina Faso".

Les zones étudiées l'ont été afin de pouvoir recouvrir deux axes différents :

- celui des savanes sèches et des savanes humide ;
- celui des migrations par une opposition immigrants/autochtones (nous définissons le migrant comme "sujet travaillant la terre dans une zone ethnique différente de la sienne"). Par la force des choses, ce second axe recouvre les populations mossi migrant dans des zones plus clémentes. L'enquête permet donc de comparer les migrants non seulement avec l'ensemble des autochtones, mais plus spécifiquement les migrants mossi avec les résidents mossi. Ceci escluit les migrants intra-ethniques comme nous y reviendrons.

Les zones sèches ne devaient pas être, en principe, des zones à forte immigration mossi, mais la proximité géographique fait que certains Mossi débordent de leur zone pour s'installer chez leurs proches voisins. C"est en particulier le cas chez les Samo du Plateau aux villages entremêlés à ceux des Mossi. Il en est de même des Dafing/Dioula qui en général essaiment à partir de leur village de proche en proche, alors que les Mossi peuvent partir en choisissant ou en élisant un lieu d'arrivée situé à plusieurs centaines de kilomètres de leur point de départ. Nous avons exclu les populations flottantes, même si elles cultivent, comme les Peul. Finalement, nous avons même exclu de notre échantillon les enquêtés « migrants non-mossi » qui étaient des immigrants dans des zones dans lesquelles ils n'appartenaient pas à l'ethnie de la Terre, c'est-à-dire qui n'étaient pas de la même ethnie que le chef de terre, représentant des

« propriétaires » de l'espace rural villageois. Nous reconnaissons que tout Bwaba sur une terre bwamu n'est pas forcément un originaire de cette terre, mais le tri demanderait une sophistication assez élevée, sans pour autant pouvoir être certains que nos conclusions seraient valables (le lieu de naissance n'est pas un critère, compte tenu de la virilocalité et donc la fréquence de la pratique de l'accouchement des parturientes chez leur mère). On risquerait de confondre les rares immigrants bwaba à Bondoukuy avec les Bwaba originaires de la zone et qui y reviennent après un long périple de cultures par cette rotation inhérente à l'agriculture sur brûlis (*in* Sangli & Sodter, *in JAT*, 2006)... Et il en serait de même pour les autres autochtones (y compris les Mossi). Simplement cerner le rapport à la terre des personnes de même ethnie que le chef de terre, demanderait l'exploration de beaucoup de variables ainsi que nous l'a montré François Sodter dans le chapitre précédent.

Nous avons sept zones dont les effectifs des questionnaires remplis sont les suivants :

Bondoukuy	150
Kaya	80
Bogandé & Piela	65
Zogoré	70
Kiembara	70
Samorogouan	139
Total	**574**

Nous avons choisi sept zones et non pas un échantillon représentatif du Burkina, notre objectif étant de comprendre la double opposition sur les deux axes définis. La masse d'information a souvent une orientation suffisamment forte pour que nous n'ayons pas besoin de descendre plus bas que trois grands axes d'analyse qui nous permettent de définir trois grands items qui serviront à analyser notre information : savane (sèche/humide), autochtonie (immigrants/autochtones), ethnie (Mossi/non Mossi).

Nous avons cinq ethnies : Samogho *et al*, Samogho, Mossi, Gourmatché, Bwaba. En toute logique les Samogho de Samorogouan et de Kiembara sont des « Samo », mais sous le nom de Samogho *et al* nous avons regroupé les ethnies différentes de la zone de Samorogouan, alors que seul village de Samorogouan est samogho. Les autres sont d'ethnies diverses : Bolon, Toussian, Sénoufo, mais leur relation à la terre est identique ainsi que nos travaux antérieurs nous l'avaient montré ; ce qui les différencie est peu par rapport à ce qui les unit, dans la perspective qui est la nôtre de cette enquête centrée sur les pratiques agricoles.

Les zones ont été choisies afin de procéder à une comparaison écologique des savanes de la zone subhumide avec celles de la zone sahélienne, c'est ainsi que nous obtenons le croisement suivant :

Zone	Savane sèche	Savane humide
Bondoukuy	150	150
Kaya	80	80
Bogandé & Piela	65	65
Zogoré	70	70
Kiembara	70	70
Samorogouan	139	139
Total (**574**)	285	289

Le dernier grand axe que nous voulions étudier était la migration. Comme les Mossi sont majoritaires au Burkina et que nous ne voulions pas multiplier des variables dont nous n'aurions pu contrôler les fluctuations et sur lesquelles nous n'aurions pu conclure, nous avons organisé notre enquête afin d'obtenir un groupe de Mossi suffisant pour pouvoir travailler : nous obtenons au total 310 Mossi et 264 autres.

Les données que nous obtenons sont donc relativement équilibrées et donc nos résultats sont conformes au plan d'expérience que nous avions tracé (sélection par quotas selon la situation matrimoniale et l'âge des sujets).

Données sociologiques

Les questions sur l'alphabétisation et la connaissance du français ne se recoupent pas complètement, car quelques sujets peuvent être alphabétisés en mooré ou dioula. Mais cette alphabétisation reste assez faible car le bwamu, par exemple, présente de fortes variations de village à village, en plus d'être une langue tonale et agglutinante (en lego, si l'on préfère) et donc difficile d'être écrite sur une base alphabétique (cf. les difficultés avec la langue vietnamienne et le chapitre 7 d'Anselme Yaro). Il n'y a donc pas de contradiction mais seulement comme attendu, certaines personne sont alphabétisés sans maîtriser pour autant le français.

91 sujets savent écrire dont 10 uniquement en mooré, mais les autres langues vernaculaires ne sont pas représentées et donc 81 sujets lisent et écrivent le français, alors que 156 (27.0%) ont suivi l'école en français dont 22 au-delà du primaire. La déperdition est donc assez grande même si certains sujets ont préféré déclarer non à la lecture/écriture, n'étant plus très sûrs des connaissances qui pouvaient leur rester. Les effectifs ne sont pas analysables véritablement mais ils donnent cependant une idée de la forte déperdition scolaire de la scolarité en français. Les dix alphabétisés en mooré ont effectué des débuts d'études dans l'école française, et donc on peut penser qu'ils y ont trouvé un certain intérêt pour justement se mettre ensuite à lire et écrire dans leur propre langue. Le poids de la religion dans l'alphabétisation est fort : 14.6% des tenants

de la religion ethnique (199 sujets), 25.6% des musulmans (266) et 59.6% des chrétiens (109) ont des bribes de français. On peut remarquer que les migrants sont plus démunis de ce point de vue (12.9%) que les autochtones (34.7%). Ceci nous conduit à penser que les alphabétisés et ceux qui entendent suffisamment de français sont en ville et que les campagnes ne bénéficient pas de migrations intra-rurales de "qualité" quant à l'ouverture sur le monde extérieur. Les chrétiens sont infimes (3.5%) chez les allochtones alors qu'ils forment 25.0% des autochtones. La migration n'est pas le seul fait des musulmans car 39.8% d'entre eux restent adeptes de leur religion ethnique et 32.5% des autochtones restent dans leur religion ethnique.

Les tests statistiques sont hautement significatifs. En fait il faut modérer la proposition, car ici nous avons affaire à des migrations intra-rurales et tous les sujets interrogés sont des paysans. Les musulmans bougent plus que les animistes ; quant aux chrétiens, ce n'est pas qu'ils ne migrent pas de leurs zones, mais leur importance se remarquerait plutôt en ville, et ils seraient largement représentés dans les milieux professionnels qualifiés et intellectuels.

La dernière variable, écologique, est conforme à l'observation, les religions ethniques sont plus fréquentes dans les zones humides, restées plus à l'abri des chocs économiques et culturels des dernières décennies. Mais nous voyons que la religion chrétienne, probablement en concomitance avec l'enseignement, doit favoriser l'exode rural (vers les zones urbaines).

Nous nous étions intéressés à l'autonomie du sujet : dispose-t-il d'une chambre personnelle ? La réponse est positive à 79.4%, mais il est plus intéressant de savoir quelle est la pratique suivie par les polygames : 13.7% d'entre eux ne disposent pas d'une chambre et « nomadisent » donc dans celles de leurs épouses.

Autre donnée sociale, nous avons voulu savoir si le ménage du sujet abritait des dépendants, dans 66.7% cela est le cas. La solidarité n'est donc pas une vue de l'esprit dans les société lignagères, car souvent ce dépendant est un assisté et pas du tout un travailleur en plus. Par ailleurs, ce chiffre est un minimum puisque des ménages hébergent des vieux parents, lesquels ne sont pas comptés par les sujets comme des hébergés. La proportion d'hébergés est croissante selon le statut matrimonial du sujet : ce sont les veufs et divorcés qui ont le moins de dépendants (53,3%), puis viennent les célibataires, encore plus les monogames et enfin les polygames avec 73,2%. Comme on pouvait le penser, plus le ménage est grand (de polygame donc), plus la fréquence des dépendants est grande. Mais la solidarité est fonction des capacités économiques.

Si l'on admet qu'en savanes humides, les conditions sont plus favorables, nous voyons que pour la question : le père vit-il dans la concession ? 40.1% des sujets ont leur père (où un de leurs pères/oncles avec eux) cette proportion « tombe » à 36.1 pour les polygames par rapport aux monogames (41.7), évolution expliquée par un simple effet de l'âge probablement. Dans les savanes sèches, 24.6% ont leur père contre 55.7% en savane humide. Les autochtones l'ont dans 34.0% et les allochtones dans 55.0 (qui ont des conditions écologiques meilleures que dans leur région d'origine).

On a donc tous les chiffres qui renforcent la tendance économique : plus les conditions sont favorables, plus les dépendants sont hébergés par les sujets. La conclusion est que plus la situation est difficile, plus les familles sont groupées et solidaires, ou bien plus unies autour d'un chef âgé. Notons que la tendance à rester en groupe des Mossi est très forte : les Mossi hébergent leur père dans 43.5% des cas contre dans 36.4% pour les non Mossi. Les mêmes observations peuvent être faites pour l'accueil des veuves ou divorcées (sœur autrefois mariée revenue vivre dans sa famille ; 20.0% des sujets hébergent une sœur en difficulté).

Les droits de culture

Les droits de culture sont des plus complexes et nous ne pouvons obtenir une information sur eux que par une analyse déterminant le lien flou car multiple qui unit un sujet à la terre qu'il cultive (voir *JAT*, 2006, chapitre 5 ; chapitre 2 *supra* ; Guengant *et al*, 2005 sur le Niger). L'épaisseur sociale de ce lien est estimé à travers plusieurs variables : être de la famille du chef, tenir directement sa terre du chef de terre, la tenir d'un propriétaire d'un droit de culture, qui a donc donné les poulets pour sacrifices des génies de la terre. Mais est-ce que ce droit concerne la totalité des terres ? La réponse est non, mais nos données ne permettent ici pas d'affiner l'analyse.

La majeure partie de cette population (86,9%) dit tenir sa terre directement du chef de terre (par accord personnel, pour être de la famille, par droit dérivé…) mais nous verrons que ce chiffre est parfaitement illusoire, et donc 13.1% indirectement (en enlevant les quelques cas de fonctionnaires disposant d'un « champ de l'administration »). Ces 13.1% sont soit des ouvriers agricoles disposant d'un lopin pour eux, soit des « hébergés ». Nous avons distingués trois cas dans ceux qui tiennent directement la terre du chef de terre – les 86.9% cités dont on pourrait penser qu'ils sont dans une situation favorable – : ils la tiennent par eux-mêmes (17.1% des cas valides), de leur/s père/s pour 38.8%, d'un autre médiateur familial pour 25.6%, et 12.6% d'un médiateur « géographique » (chef de hameau). L'obtention de la terre par un possesseur d'un droit de culture (qui lui-même a ce droit de par les sacrifices faits à la Terre), représente 40.8% des cas, ce qui signifie que le lien est fragile pour 59.2% – ce qui en soi est déjà un résultat qui interpelle. Mais ce pourcentage est un minimum car quand on regarde les réponses qualitatives précisant cette donnée, on voit que les sujets qui disent avoir été médiatisés par un possesseur de droit de culture représentent le tiers, et se déclarent d'eux-mêmes dans une position précaire et révocable… ce qui signifie qu'en réalité, 70% des sujets ont un rapport flou et fragile avec les terres qu'ils cultivent. On est très loin de l'image que nous avions avant de débuter cette enquête : il nous semblait que les paysans installés dans leurs terres ethniques ou dans leur territoire d'origine, étaient ou se sentaient, "propriétaires", on est loin du compte !

Nous avons pris le problème par un autre bout, celui du sacrifice à la Terre : si le sujet ne sait pas qui l'a fait, il est évident alors qu'il ne dispose d'aucune légitimité sinon celle du bon vouloir de ceux qui l'accueillent. 60.9% connaissent qui a effectué les sacrifices, ou bien savent qui l'a effectué ; dans ce pourcentage valide, 29% l'ont effectué eux-mêmes, 38% descendent directement du sacrificateur et 23% n'ont pas de parenté avec le sacrificateur. Cela réduit la « légitimité » de l'accès à la terre cultivée, ou accroît la précarité du lien et nous pouvons assurer que le lien à la terre est ferme dans 30% des cas et fragile car médiatisé par un logeur dans 70% des cas, résultat obtenu en construisant une variable qui tient compte du sacrifice et de la médiatisation du droit de culture. Et ce droit ne concerne la totalité des terres du sujet que dans 53.8% des cas. Nous retrouvons bien une fourchette semblable à celle obtenue par le premier tri.

Quand l'accès est direct, ce droit concerne la totalité des terres pour 83.5% des sujets, alors que quand le droit n'est pas direct, on tombe 47.6% des sujets. Les sujets, de plus, donnent ces informations sur leurs terres les moins contestables, le chiffre ne représente donc que le cas le plus favorable. 53.8% des sujets empruntent d'autres terres.

Le droit direct à la terre selon les grandes variables nous donne la liste suivante.

Le sujet dispose d'un accès direct à sa terre (est "vraiment" "propriétaire") en % :

Savane sèche	8.1%
Savane humide	51.6%
Autochtone	22.6%
Allochtone	47.4%
Mossi	33.3%
Autres	27.3%

Le droit direct à la terre est de 8.0% en savanes sèches pour 51.6 en savane humide ; mais ce droit ne concerne 22.6% des autochtones contre 47.4 des allochtones… résultat en soi vraiment surprenant. Et si l'on regarde l'ethnie, on voit que les Mossi ne sont pas mal lotis, les droits à la terre qu'ils ont acquis l'ont été dans la coutume des chefs de terre qui les ont accueillis. Cela renforce nos conclusions antérieures : ce n'est pas l'ethnie qui compte, c'est la durée de présence. Paradoxalement, les ethnies qui ont des terres « bougent » plus dans leur territoire et fragilisent leur légitimité à la propriété foncière. Il ne faut pas non plus sous-estimer le fait que les immigrants affirment plus volontiers une propriété qui tient compte du fait – qui les favorise – que du droit ethnique des chefs de terre qui les accueillent (*in JAT*, chapitre 5, Sangli & Sodter).

Les sols des terres disponibles par le sujet

Un des atouts que peut posséder un paysan est de disposer de terres aux sols variés : 54.5% disposent de terres de bas-fonds, souvent peu utilisées, sinon en maraîchage sur le plateau mossi ; 72.3% disposent de terres noires, réputées les plus riches mais des plus difficiles à travailler ; 83.6% disposent de sols clairs, légers et 71.8% de sols gravillonnaires, impropres en général à la culture, quoiqu'autrefois, autour de Samorogouan, Sud-Ouest vers Banfora, ils étaient utilisés en riz pluvial. A Bondoukuy, ces terres ont été données aux Mossi demandeurs, mais après quelques récoltes le sol a disparu et ces revêtements caillouteux ont été dévastés par la déforestation d'une brousse fragile. Notons que tous les sujets disposent de mauvaises terres (sols clairs et sols gravillonnaires) alors que 19.5% ne disposent pas de bonnes terres. De toute façon, seuls 38.9% des sujets estiment avoir suffisamment de terre pour eux. Mais le manque de terre est plus fort chez les allochtones (18.9% contre 47.4%). Les jachères elles, devraient confirmer cette tendance. Globalement 32.2% des sujets n'en ont pas suffisamment et c'est dans les terres potentielles (jachères « appropriées ») que se marque le plus le manque de terres. Une notion d'espace fini entre actuellement dans la mentalité des paysans comme nous l'avons constaté dans nos enquêtes qualitatives.

Cultures pratiquées par le sujet

Les cultures pratiquées par le sujet sont dans l'ordre d'importance. La savane sèche privilégie le sorgho blanc et l'arachide, la savane humide le coton légèrement le maïs.

Mil	93.6%
Maïs	85.6%
Sorgho blanc	79.8%
Arachides	76.5%
Sésame	55.4%
Pois de terre	46.5%
Coton	46.7%
Haricot	54.5%
Sorgho Rouge	30.3%
Autres cultures	13.4%

Pour les autres cultures, on n'a pas de différences

véritables, en particulier pour le mil identiquemet exploité.

On constate que 64.6% en savane sèche et 57.1% en savane humide pratiquent d'autres cultures. L'aisance relative des gens habitant des zones humides leur évite d'avoir à diversifier leurs sources d'approvisionnement, et aussi, le milieu naturel étant plus riche, ils ont moins besoin de cultiver des herbes sauce, etc. La principale culture réalisée est celle des haricots, consommés en feuilles, qui est largement privilégiée en savane sèche.

Les collectes en milieu naturel

L'agriculture itinérante sur brûlis est une pratique qui a deux volets : la culture céréalière et l'exploitation par cueillette et collecte des grands espaces en voie de régénération naturelle ou en situation de climax (équilibre végétation x sols x climat). L'agriculture en vigueur dans notre enquête montre que l'apport de cette nature reste très important, quoique les grandes chasses ne soient plus guère pratiquées puisque les gros herbivores n'existent plus qu'en des zones reliques. Voici donc les principaux renseignements collectés, ils ne donnent que la pratique des sujets, pas l'apport alimentaire de ces pratiques.

L'arbre

Collecter des données sur les arbres est essentiel parce que les arbres signent la propriété, l'écologie, et aussi ont un statut social fort particulier. En effet, ils sont la propriété des détendeurs des droits fonciers (sans trop chercher à les définir), mais ils sont exploités par les femmes, sauf en ce qui concerne le bois de chauffe revendu et le bois de construction.

La majeure partie des sujets (94.5%) affirment posséder des arbres dont 28.9 en possèdent sur les terres qu'ils prêtent, ce qui veut dire d'une part qu'au moins 30.6% de tous les sujets prêtent des terres !, et qu'ils ne prêtent que le droit de cultures mais pas leur terre même. 45.8% affirment disposer d'arbres sur les terres qu'ils empruntent, ce qui veut dire suivant le même calcul que 48.5% des sujets empruntent des terres. 22.7% au moins des sujets prêtent et empruntent en même temps des terres. Mais l'on ne peut en déduire en quoi l'emprunt des terres doit être fréquent : nous n'avons pas posé cette question (ceux qui répondent « non » peuvent ne pas être concernés). Cependant la question reste un indice et non pas une conclusion ferme car certains membres des familles de chefs de terre à qui on a interdit l'abattage de certains arbres, s'estiment propriétaire de la terre mais pas des arbres réservés. La situation est complexe pour nous, scientifiques, mais autant pour les sujets ! Les autochtones ont à 55.2% des arbres sur les terres qu'ils prêtent contre 40 .0% pour les allochtones. Ce qui nous montre que, fait évident, les autochtones sont mieux lotis.

Les karités sont suffisants pour 85.3% des sujets et seulement pour 51.6% pour les nérés et 37.4% pour les baobabs. Les produits du bois sont le bois de chauffe et les bois de travail, le premier suffit pour 55.9% des sujets, ce qui signifie *a contrario* que pour 44.1% les sujets manquent de bois de chauffe et doivent en acheter ou se le procurer en brousse libre, ce qui implique de longs trajets et des prélèvements interdits dans des lieux appropriés. Signalons que le portage étant un travail féminin par excellence, cette situation défavorise les femmes. Mais seulement 6.6% des sujets commercialisent du bois de chauffe et 7.8% du bois de travail.

On dit souvent que les paysans ne plantent pas d'arbres, notre enquête est véritablement "partie à la pêche" sur le sujet et nous ne nous attendions pas à pouvoir dire que 28.5% des paysans plantent des fruitiers, en général des manguiers, mais aussi des citronniers pour le tiers d'entre eux et d'autres arbres pour la moitié : avec dans l'ordre baobab et anacardier, néré, goyaviers.

Mais un seul sujet a planté un karité. Décidément la question reste pendante depuis 1939 ;

« Le karité (*Butyrospermum Perkii* Kotshy)
La graisse, ou Beurre de karité, est une matière grasse extraite de l'amande des graines et qui entre dans la consommation journalière de très nombreuses populations soudaniennes ; on a beaucoup publié[9] *à son sujet ; il serait superflu de revenir avec détails sur cette question.* »
p. 140 de Emm. PERROT, *Où en est l'Afrique occidentale française ?...* Larose éd. Paris, 1939, 458 pages.

Déjà, à l'époque, la question était que l'on ne pouvait convaincre le paysan de planter un arbre « naturel », même s'il est sélectionné empiriquement par les paysans qui le protègent, ou qui protègent certaines pousses qui leur paraissent les meilleures.

Pour son intérêt pour sa précocité et malgré ses inconvénients quant à l'épuisement des ressources aquifères, l'eucalyptus est planté par 37.4% des sujets, avec aussi d'autres arbres, principalement des neem ou nim (*Azadiratcha indica*) (30.4% des sujets) qui sont utilisés dans la vannerie traditionnelle : fauteuils et lit en rotin.

Les arbres sont soumis à de fortes déprédations : 70.2% des sujets disent avoir constaté des déprédations par des gens, comme nous l'avons constaté dans nos travaux de terrain : arbres coupés à la base pour en récolter les feuilles ou les fruits ; 66.8% par des animaux (dont 18.7% sont des gros herbivores sauvages et 58.0% par des singes). Les insectes attaquent aussi les arbres pour 54.2% des sujets.

---

[9] Perrot fait référence en note aux travaux de J. VUILLET, *Le Karité et ses Produits*, Paris, 1909, Larose éd.. Le dénommé Vuillet écrivait encore sur le sujet dans un article de 1939. C'est dire l'intérêt des colonisateurs Anglais et Français ont porté au karité, dès 1900, alors que le néré lui, n'a guère fait l'objet de travaux. (Nous devons cette note à François Sodter.)

Les déprédations des arbres de karité sont le fait des singes pour 55.4%, des vols avérés pour 56.9% et 42.5% des sujets constatent les deux déprédations en même temps. En savanes humides, la ressource est abondante et donc intéressante à voler. Il y a plus d'allochtones et donc soit ceux-ci « volent » soit les circuits de vols sont organisés. Les enquêtes qualitatives corroborent cette hypothèse, mais il faudrait la vérifier précisément.

Pour le néré, 54.3% des sujets constatent que des déprédations par les singes et 76% par des vols (en fait ceux qui sont victimes des singes se plaignent des vols de toute façon).

Nous avons déjà dit que le néré est un arbre dont la récolte est annoncée rituellement par les chefs de terre, et 50.1% des hommes en informent leurs épouses (pour les concernés). Mais un contraste se lit entre savane sèche et humide. Si dans les savanes sèches 84.6% des hommes ne prennent pas la peine d'informer leurs épouses, dans les savanes humides, 76.3% des hommes les informent (pour les concernés), pratiquement le contraire. La moitié des animistes et les deux tiers des musulmans les informent et pratiquement aucun chrétien.

Les herbivores domestiques sont aussi accusés par 52.8% et les pasteurs nomades par 58.9% des sujets. 45.5% des sujets accusent les deux en même temps : troupeaux et pasteurs, les uns broutant (et grimpant dans les arbres comme les chèvres) et pasteurs émondant sans précaution les arbres. Cette constatation souligne encore un des nombreux signes relevés par cette enquête d'un fragile équilibre entre nomades et sédentaires et troupeaux errants et paysans. Ceux-ci, dans certaines zones favorables comme des bas-fonds, renoncent à effectuer des plantations puisque les villages voisins qui ne disposent pas de telles espaces, y mettent leurs troupeaux qui rasent les jeunes arbres et découragent les premiers.

Enfin les arbres sont victimes d'autres maux (9.0%), des herbicides et pesticides et enfin à la sécheresse.

Les herbes de jachères

Un champ abandonné est d'abord colonisé par des plantes annuelles et rapidement, des pérennes et des arbustes y prennent racine. Parmi les pérennes, la plus célèbre au Burkina est l'*Andropogon gayanus*. C'est une plante très haute d'un à deux mètres, résistante au feu, d'un grand intérêt et pour sa paille qui sert à de nombreux travaux de vannerie et de toiture, et pour l'alimentation animale. 64.5% des paysans déclarent le sauvegarder ou le planter et 7.6% vendent la paille. Signalons que cette plante sert désormais dans les lignes antiérosives, plus fréquentes dans les zones sèches que dans les zones humides. Cette pratique s'est, ces dernières années, fort généralisée sur le plateau mossi, concurremment aux lignes antiérosives de blocs de latérite ou de grès.

Les plantations naturelles d'*A. gayanus* sont fort endommagées par les troupeaux qui ont dévasté celles de son « frère » le *Cymbopogon giganteus*, d'un beaucoup plus grand intérêt et qui en plus des vertus médicinales de ses racines, a presque disparu de certaines zones. Nous avions retrouvé une plantation naturelle au village de Mamou, grâce à Dwanio Sanlé, et avions rapporté des graines en novembre 1998[10].

---

[10] Les agronomes ont privilégié le premier aux dépends du second, parce que plus courant, mais dans une perspective de mise en culture des jachères, il reste incompréhensible pour un profane ce choix sans alternative ; car tant qu'à travailler la jachère pour la faire produire, pourquoi viser une plante de moindre intérêt ? Le *Cymbopogon giganteus* n'a pas été testé, malgré les demandes des paysans que nous avions entendus formuler aux agronomes de l'IRD en 1998 à Bondoukuy.

Notre enquête a investigué certaines pratiques de collecte, nous avons cependant abandonné car devenue marginales globalement et réduite à des zones particulières la collecte des chenilles de karité (Traoré & Fourgeau 2006). La pratique de la chasse et de la pêche restent marginales : 5.5% des sujets pratiquent la première et 4.0 pratiquent la seconde. Quant à la pêche, il semblerait que les possibilités seraient plus grandes que cette pratique marginale, à laquelle il faut adjoindre la récolte de poissons enterrés qui est le fait de 11,2% des sujets. On a là encore des problèmes de propriétés villageoises, qui freinent considérablement la pisciculture qui pourrait devenir effective dans quelques zones (voir les travaux en cours de Philippe Cecchi).

La collecte des termites pour les poussins est une activité pratiquée par 47.6% des sujets. Cette activité est essentielle pour l'élevage de la volaille, élément essentiel des cultes agraires. Elle est le fait des hommes et des enfants et presque jamais des femmes qui, pour cette raison, ont plus de difficultés à élever leurs poules et assurer le développement des poussins. Ce chiffre, pour faible qu'il soit, est cohérent : le travail nécessaire pour collecter les termites données aux poussins est un travail contraignant, il faut se lever très tôt, aller aux endroits préparés, rapporter les termites, parfois dans la gangue d'un morceau de leur termitière… C'est pour cela que les paysans préfèrent souvent, en saison des pluies, surtout s'ils y restent plusieurs d'affilée, apporter plutôt poules et poussins aux champs et les nourrir sur place.

Les éphémères sont un met fort apprécié, 29.1% des sujets les récoltent à la nuit en mettant des torches qui les attirent et ils les font tomber dans des bassines. Séchées, elles sont vendues dans les grandes villes et sont d'un fort rapport pécuniaire. La collecte des crapauds d'hivernage est pratiquée par 11% des sujets. Ephémères et crapauds sont récoltés par qui le peut, homme ou femme, en fonction des opportunités.

Les herbes sauce et plantes médicinales sont collectées par 69.7% des sujets, mais les premières sont préservées systématiquement dans les champs par 89.6% des sujets.

Bétail et biens annexes possédés

49.8% des sujets possèdent des bœufs de travail, au moins un couple. 28.5% des vaches qui ne sont pas de travail ; 25.1% possèdent les deux. Ce qui veut dire que les vaches sont un plus, rarement possédées en premier. Il en est de même quant à la possession d'une charrue, fréquemment possédée seule (65.6%) ; par contre 44.4% possèdent et un couple de bœufs de trait et une charrue. 56.7% possèdent un âne et 52.8% possèdent une charrette (et 46.2% les deux).

Le petit bétail est possédé par moins de personnes qu'on eût pu le penser : 49.8% possèdent des moutons, 61.8% des chèvres, 22.0% des porcs.

Pratiquement tous ces animaux se nourrissent en vagabondant, sauf les bœufs de travail et les ânes, et les porcs qui sont nourris à l'étable.

92.6% des sujets possèdent une bicyclette et 52.8% une mobylette. Cette possession ne doit pas être entendue comme personnelle, ce genre de moyens est collectif, même si l'achat, l'entretien et en ce qui concerne le vélomoteur l'essence, les déficits donc, sont de la responsabilité individuelle du propriétaire obligé d'accepter que chacun s'en serve, avec ou sans son avis.

Conclusions

Cette enquête sur le paysannat burkinabè n'avait pas la prétention d'être représentative statistiquement. Nous l'avions construite entre économiste (Ouédraogo S.) et anthropologues (Lacombe & Traoré S.) pour pouvoir entendre quels étaient les liens et causalités entre facteurs. Le questionnaire bâti partait d'une longue expérience des auteurs quant à la situation des paysans en différentes régions. Son analyse reste à approfondir. Pourtant, dans le cadre de cet ouvrage, il nous fournit une photographie représentative de la situation de la classe paysanne au Burkina, avec ses contradictions principales qui résident entre un système foncier né d'une pratique multimillénaire de l'agriculture itinérante sur brûlis et l'incapacité de ce système agricole de franchir le cap des deux prochaines décennies en étant optimiste. Elle implique les rapports de propriété, la mécanisation et l'implication plus profonde et en synergie du troupeau, les rapports en sexes (chapitre suivant), les relations des grandes familles avec les ménages…

Nous ne doutons pas de la capacité des acteurs à s'adapter et à adapter leur logique interne aux nouvelles conditions. Mais ils ne le pourront seuls et il est nécessaire que la recherche leur fournisse des outils qu'ils pourront eux-mêmes mettre à l'épreuve. Et que la recherche teste les solutions que le milieu aura mises au point et amorcées. Quand nous parlons de la recherche, nous ne parlons pas agronomie, la question dépasse largement les questions familières aux ingénieurs agronomes, il nous semble que ce chapitre le montre suffisamment. La recherche nécessaire mettra à contribution autant les sciences sociales et politique, les sciences technologiques que les sciences naturelles. Elle impliquera autant la protection du milieu naturel que son exploitation. Elle impliquera autant l'homme et la femme, les paysans, que l'État.

Niamiadougou : défriche en cours : les arbres sont dénudés pour exploiter leur écorce, le bois de chauffe est mis de côté, les broussailles sont mises au pied des arbres pour les brûler plus tard.

Cuisson en plein air de poteries à Niamiadougou

Femme de Kotédougou rapportant des herbes cueillies dans les jachères (photographie de Catherine Fourgeau)

Maïs réservé pour les semailles suivantes. Bondoukuy

Chapitre 5

La condition paysanne au Burkina II : Rapports de genres : travail et propriété

Sylvestre Ouédraogo
&
Saratta Traoré[11]

Ce chapitre prend logiquement la suite du précédent, mais nous allons nous centrer sur la question des rapports de genres, tels que vs par les sujets masculins. Nous avons effectué une investigation sur les femmes, mais seulement à Kaya et Bondoukuy. Ayant été pris par d'autres travaux, nous n'avons encore pu analyser la totalité de ces données sur l'enquête portant sur les femmes.

La collaboration entre époux vu du côté des maris

Une des questions qui interpellent quand on regarde notre propre société avec les yeux d'un Européen, c'est la division des budgets entre hommes et femmes dans les couples et familles burkinabè. Nous avons donc investigué cette question. Nous nous limitons ici aux réponses masculines qui devront être confrontées aux réponses féminines dans un travail ultérieur. 83,9% déclarent participer aux frais du moulin pour la transformation des grains en farine. Constatons que cette tâche,

---

[11] Saratta Traoré est doctorante en anthropologie de Paris V Sorbonne René Descartes : saratta.traore@gmail.com

par pilage, était exclusivement féminine. 74.6% des hommes assurent contribuer au démarrage des activités artisanales ou commerciales de leurs épouses (fabrication du dolo, plats cuisinés...)

Notons que 72.7% des sujets plantent dans leurs champs des herbes sauces pour les femmes de la famille (oseille, haricot feuilles...) Les hommes déclarent à 93.9% acheter de la viande pour leur famille, et 93.3% du poisson séché. Mais ces achats sont trop rares pour nous permettre de dire que les hommes participent aux frais d'alimentation de leur ménage en dehors de la fourniture du grain.

La tradition est une des valeurs sur laquelle on se fonde pour affirmer que telle ou telle chose est du ressort du mari ou de la femme. Mais une tradition s'interprète et voyons ce que les hommes disent pratiquer.

La tradition est ferme à propos de l'alimentation : le grain est du ressort exclusif des hommes, or cela est reconnu par 85.8% quand ce devrait être 100% ; la sauce est du ressort de la femme. De par leurs activités dans la brousse, les hommes collectent aussi, on comprend donc qu'ils ne déclarent qu'à 29.8% que ce soit du seul ressort des femmes selon la tradition. Selon la tradition, qui là dessus ne dit rien puisque la médecine n'était pas payante, 84.1% estiment que les frais médicaux sont de leur seul ressort. Les hommes estiment que les dépenses leur incombent pour les funérailles pour 81.7%, de mariage pour 81.5% et de baptême pour 84.1%. Mais cela n'exonère pas leurs épouses de participer, avec ou sans eux, aux obligations de leur propre parenté pour ces événements.

La pratique maintenant est légèrement différente : 75.1% seulement assurent l'approvisionnement en grain de leur famille (et le reste les deux), en soi cet aveu donne la mesure de ce que les hommes reconnaissent ne pas assurer leurs obligations. Par contre 23.9% participent à la sauce, (et 31.8% la femme seule et 38.8% les deux) ; 69.2% des hommes assurent seuls les frais de maladie (le reste les deux). 72.3% les frais de funérailles et la femme le reste ; 69.7% les mariages, et la femme le reste ; 72.8% pour les baptêmes et la femme le reste.

Quand ils ont des enfants à charge, 58.5% des pères seuls s'acquittent des frais vestimentaires et le reste est pratiquement assumé à deux, mari et femme. Quand ils ont des enfants à l'école, 89.7% des hommes disent en assurer les frais, et les fournitures scolaires 87.7%, le reste est assumé à deux ; mais, comme on l'a observé ailleurs (Traoré & Fourgeau 2006), leur apport est fait en une fois, au démarrage de la rentrée scolaire, le renouvellement étant à la charge des épouses et mères. A 75.6% des pères impliqués, les sujets disent qu'en cas de maladie d'un enfant, c'est à la charge du père, sinon aux deux.

Le mariage est une décision qui peut se prendre à plusieurs : sans parler du futur conjoint, il y a d'autres acteurs, oncles, chef de la famille etc. Nous nous sommes contentés de voir qui, au sein de la famille étroite était responsable. Notons tout de suite que la femme est citée marginalement :

Décision de mariage	d'une fille	d'un garçon
Mari	55.0%	53.5%
Les deux	14.7%	13.3%
Intéressé/e	20.1%	22.7%
Non réponses	10.2%	10.6%

La propriété des femmes

Les femmes ne sont que rarement reconnues comme "sujets de droit" par les paysans du Burkina (Traoré & Fourgeau 2006), et 75.1% les déclarent inaptes à la propriété des arbres et 92.4% à toute propriété de la terre. Les autres questions ont tellement mis mal à l'aise les sujets masculins qu'aucune réponse n'est donnée. Pourquoi cette minorité juridique ? On a deux grandes causes : la première est que la femme est une étrangère (mariage virilocal strict[12]) : 68.5% des réponses valides (mais 62.1% des hommes ont préféré ne pas répondre) ; la seconde tient à la minorité de la femme soumise au mari postulées par la tradition. Naturellement pour le statut de la femme, la situation "autrefois" était acceptable sans trop de problème : « c'était ainsi ». Aujourd'hui, où les conjoints se choisissent plus du moins pour certaines régions et groupes de population, la question est plus difficile : les divorces et séparations sont fréquents, plus qu'autrefois, et le statut de la femme est plus défavorable. Cette question ne pourra pas être négligée dans les projets regardant les campagnes burkinabè.

Tâches féminines et travaux masculins

Pour 84.8% des hommes, l'abattage des arbres est de leur seul ressort, ce qui est étonnant, sauf à considérer que dans les savanes sèches l'abattage des arbres est une tâche plus aisée : après examen des données, les seuls avis contraires sont tous des savanes sèches !

Quant au transport des arbres, 80.8% des hommes s'attribuent cette tâche, assertion qui est vraiment contraire à l'observation. Sauf à considérer que transporter un tronc d'arbre pour faire la cuisine n'est pas du transport de bois. Les Bwaba disent : quand tôt le matin (avant le jour) une femme part en brousse c'est soit pour aller chercher du bois, soit pour fuir son mari. Le labour avec la grosse daba, pour faire des billons et retourner profondément la terre est pour 63,8% des

[12] C'est-à-dire que la femme rejoint systématiquemet le domicile du mari.

hommes de leur ressort exclusif. Mais cette grosse daba, avec des sols secs, est fabriquée plus légère et peut donc être maniée par des jeunes et des femmes ; d'une certaine manière, ce n'est pas de la même daba dont on parle aujourd'hui. Effectivement : 31.6% en savane sèche affirment que les femmes peuvent la manier, 95.5% en savane humide.

La tradition donne à chacun ses tâches et ses devoirs. Nous avions voulu explorer sur quelles bases se fondait, selon les sujets, cette division du travail :

Force physique différente	84.6%
Nature différente des sexes	75.4%
Les femmes font les enfants	43.8%
Les hommes sont liés à la terre	61.9%

Le sorgho, normalement, ne s'engrange pas en épi (sauf pour les épis gardés en semence), on doit le battre avant ; le transport des grains étaient une des tâches traditionnellement rémunérées des femmes. Avec les charrettes, les hommes ont la possibilité de transporter le sorgho en gerbes (maïs et petit mil sont transportés ainsi, mais le poids mort est différent). Cela occasionne une perte de revenus des femmes. Il était donc intéressant de savoir comment ils le conservaient : 95.0% le conservent effectivement en branches et seulement 68.9% déclarent que le battage est une tâche exclusivement masculine, avec une forte différence selon la zone : en savanes sèches le battage est exclusivement masculin pour 61.1% des sujets contre 38.7% en savanes humides. On voit ici se dessiner selon la zone écologique, une tendance à exclure les femmes d'activités rémunératrices selon les coutumes. Et aussi le fait qu'en zone sèche, les hommes sont amenés à "tirer" au maximum pour garder le maximum d'argent dans leurs mains (Traoré & Fourgeau 2006).

Les sujets doivent donner au moins une journée de liberté à leur épouse. 10.0% des mariés déclarent n'en donner aucune. Le nombre de jours de liberté moyen est de 2,5 jours pour les mariés. Les polygames sont plus généreux avec un peu moins de 2,6 et les monogames avec un peu plus 2,4 jours/semaine de liberté accordés à l'épouse.

L'homme marié a-t-il donné un champ à son épouse (ou ses épouses) ? Nous avons éliminé ceux qui donnent une information alors qu'étant non célibataires (mariés/divorcés) car ils nous informent sur une situation passée. Les résultats sont identiques selon qu'on a affaire à des monogames ou des polygames : 78.2 et 78.1%, respectivement.

L'étonnant ici est que l'enquête va complètement à l'encontre des résultats qualitatifs. Dans nos enquêtes de terrain, hommes et femmes déclarent ne pas avoir de champ quand leur époux est monogame, car ils travaillent ensemble, qu'elles sont surchargées de travail, etc. Par contre, les épouses de polygames disent en avoir un systématiquement, même s'il leur est difficile de le travailler. D'abord, il est vrai que ce sont des réponses des maris, mais quand même, on obtient 78.2% et 78.1% de pourcentages pour la réponse, c'est dire qu'il n'y a aucune différence de comportement entre les monogames et polygames... Et qu'au nombre de jours déclarés laissés à la femme par les maris, elles paraissent disposer toutes d'un jour par semaine pour leur champ... ceci demandera à être confronté avec les réponses des femmes (pour l'enquête Kaya et Bondoukuy). Quant à la raison avancée par le mari quand il n'a pas donné de champ à son épouse, c'est pour moitié parce qu'elle n'en a pas formulé le désir, et pour l'autre ils ressortissent tous à la décision parfaitement assumée par l'homme de garder cette force de travail pour lui, et parfois pour eux (mari et femme).

Pour 17.5% le champ donné à la femme est un champ abandonné par l'homme l'année précédente. Pour 13.8% c'est une jachère jugée ancienne (10 ans environ), et pour les autres sujets une jachère de moins de 4 ans. Une autre évaluation de la qualité de la terre laissée à la femme est de savoir si, quand elle a été confiée à l'épouse, cette terre avait des arbustes à abattre. Ceci est le cas de 14.0%, ce critère montre que l'optimisme est la règle quant à l'évaluation de la valeur du cadeau par le donateur. Car si seules 1/7ème des terres données aux femmes avaient des arbustes, c'est que les autres qui n'en avaient pas et donc étaient déjà bien épuisées ou juste abandonnées par l'époux. Mais pour celles qui avaient des arbres, les trois quarts des hommes ont aidé leur épouses dans la défriche : on peut donc dire que seules 5% des femmes reçoivent de leur mari une terre d'un certain intérêt agronomique.

L'exploitation des arbres à fruits et feuilles est naturellement fort intéressante à étudier ; ces arbres sont essentiels à « la sauce », mais les situations dispersées que nous connaissons ne nous permettent pas d'explorer cette dimension dans toute son étendue. Mais quant au sujet qui nous préoccupe, les rapports entre sexes, disons tout de suite le grand intérêt de se centrer sur le néré et le karité[13], ne serait-ce parce qu'ils apparaissent en tout terroir agricole d'une part, et qu'ils font l'objet de grands soins de la part des paysans d'autre part.

Ces deux arbres sont fondamentaux pour la vie paysanne. Le karité est plus connu et plus célèbre à cause de ses usages industriels, mais le néré était traditionnellement l'objet de plus de soin car il est d'un grand intérêt alimentaire en fournissant une farine fort appréciée ; il était par ailleurs sous le contrôle direct des chefs de terre qui en prélevaient une grande

[13] Au contraire du karité, le néré n'a pas intéressé la recherche scientifique et l'on ne dispose d'aucune monographie sur le néré.

part pour assurer leur fonction de pourvoyeurs de nourriture pour les déshérités ou pour les soudures difficiles.

Le karité est général, et seuls 4.5% des sujets en manquent, par contre le néré manque pour 19.9% des sujets. Pour ces deux arbres nous avons posé la même série de questions : qui est propriétaire des fruits ? Nous donnons les réponses en proportion des réponses valides :

Les fruits appartiennent	Karité	Néré
à la femme	88.0%	56.8%
à l'homme	1.4%	28.9%
aux deux	16.4%	35.2%

Du point de vue de leur « statut » social et de leur rapport au sexe, le contraste entre les deux arbres est frappant et se passe de commentaires. On trouvera dans l'ouvrage de Toufik Ftaïta, Roméo Kaboré et Brahima Traoré (2007) une analyse de cette question.

Les déprédations par les personnes et les singes pour les seuls karités sont de 61.6% et 60.0%. Nous ne les avons pas investiguées pour le néré car nous pensions, sur la foi de nos enquêtes qualitatives, que le néré était devenu rare sauf en zones humides.

Le rapport à la propriété des fruits est différent selon que l'arbre se trouve sur le champ ou la jachère d'une personne (calculs sur les pourcentages valides). Voici un tableau pour chaque arbre :

Arbre	**Karité**	
Position de l'arbre	Dans Champ	Dans Jachère
Famille stricte du propriétaire	27.6%	8.9%
Famille élargie du propriétaire	34.9%	22.2%
Tout le monde	37.5%	68.9%

Arbre	Néré	
Position de l'arbre :	dans champ	dans jachère
Famille stricte du propriétaire	40.6%	20.3%
Famille élargie du propriétaire	33.6%	31.1%
Tout le monde	25.8%	48.6%

La ligne significative est celle qui dit que tout le monde peut récolter : le néré est plus considéré comme arbre approprié que le karité. C'est-à-dire que la propriété est plus « inviolable » quand elle est collective et sanctionnée par la coutume (répétons le néré est considéré comme de la propriété éminente des chefs de terre que celle du propriétaire du droit de culture de la terre).

Les noix de karité, matière première du beurre de karité aux multiples usages (culinaires et autres) appartiennent à la femme pour 88.0 des sujets et aux deux pour le reste sauf 1% qui estime que c'est de la seule propriété du mari. Ce 1% doit comporter des hommes qui sont des non-célibataires et qui parlent donc de leur cas particulier. Mais cela veut bien dire que tous sont d'accord que la noix de karité est un bien essentiellement féminin.

Si l'on prend maintenant non le sens de la propriété de l'arbre en fonction de sa position selon le statut des terres mais en fonction de la consommation, et compte tenu des longues traditions locales de donner à manger à qui a faim, nous avons posé la question de savoir qui a le droit de prendre au-delà de sa consommation immédiate : 33.0% déclarent que seule la famille au sens strict y est autorisée et 34.1% tout le monde… le reste concernant les autres personnes mais explicitement autorisées : la famille élargie et les pays du même village. On doit lire cette information comme signifiant que les gens d'une manière générale se sentent mal armés pour interdire la production d'un arbre.

La pression écologique, le manque d'arbres, introduit une modification de la perception de l'usage des arbres. Dans les savanes humides, seuls 4.8% des paysans estiment que tout le monde peut se servir sur les arbres disponibles dans la nature alors qu'en savanes sèches, 64.2% pensent de même. Dans les zones où la ressource est abondante, personne n'est censé voler (la réalité n'est pas conforme à cette image) mais là où elle est rare, le droit s'est modifié. Pour le néré, la pratique est née de récolter la ressource avant maturité des gousses. Mais la question ne relève pas seulement de l'abondance de la ressource, la migration et donc le rapport à la terre influe fortement sur les réponses : 40% des sujets autochtones pensent qu'on peut disposer de la ressource, car en fait ils pensent à eux et eux seuls qui ont un rapport généalogique avec la terre, on peut même ici écrire la Terre. Par contre, les immigrants eux quand ils disent que "tout le monde peut accéder à la ressource", pensent d'abord à eux, qui ne sont pas reliés à la terre qu'ils occupent, et alors, ils ne donnent de réponse positive que pour 22.2%, puisqu'ils sont exclus. Les autochtones donnent la norme, les allochtones donnent la pratique. Mais l'analyse de l'ethnie complique encore le fait. Tout se passe comme si les Mossi n'avaient pas une conception aussi stricte de la propriété que les autres, en effet, 41.9% d'entre eux estiment qu'on a le droit de prendre ce qu'on trouve contre 25.4% des autres ethnies. Donc les allochtones reconnaissent le droit d''autochtonie, mais en même temps, les Mossi, qui forment les gros bataillons des migrants ont une conception plus large de la propriété. Pour la propriété des gousses de néré, on a un flou lié à de nombreux « non concernés » qui sont 22.7%. L'information n'est pas fiable et sauf à faire un tri permettant de résoudre les contradictions liées à une information qui est à la fois d'usage et de droit.

Gardons à l'esprit que la moitié des sujets qui émettent une opinion (et qui peuvent n'être pourtant pas concernés) attribuent la propriété à la femme uniquement (43.1%), le quart aux deux (29.5%) et le quart au chef de terre (19.3%) et 8.1% qui ne donnent pas de réponse)... mais ceci est juste une idée.

Conclusions

Ce que nous lisons dans ce bref compte-rendu des données de l'enquête regardant les genres, en nous centrant sur les seules opinions des hommes, c'est la complexité de la situation et la variabilité des avis. Nous sommes bien loin d'un milieu paysan homogène, uni sur ses valeurs, ses traditions. Nous voyons au contraire que les hommes ont pris conscience des changements qui s'accumulent et dont la série va provoquer des bouleversements.

Cette enquête a éveillé un fort intérêt chez la majorité des sujets. Nous avions coché les conditions de l'interview : elles ont été jugées excellentes et faciles pour 92,4% des entrevues, avec 4,2% des sujets décelés comme réticents durant l'entretien. Mais le public dans les enquêtes dans les villages est toujours là ; parfois il se révèle être une gêne : dans 10,0 des entrevues, ce public a été jugé trop nombreux et perturbant.

A les faire réfléchir par de telles enquêtes sur leur situation provoque des prises de conscience. Pas seulement chez les promoteurs de l'enquête mais aussi chez les sujets, ces paysans qui ont accepté de passer quarante minutes à répondre avec sérieux aux enquêteurs, les interrogeant en retour sur ce que nous pouvions penser des situations, comment nous-mêmes voyions les problèmes... Nous pourrions rêver de faire que les résultats retournent au pays et ne restent pas dans l'étroit cercle universitaire et technique des livres. Ceci serait une autre histoire.

Coulibaly Namité, Chef de terre de Bondoukuy

Champ de sorgho envahi par le striga

Chapitre 6

La terminologie des espaces villageois du village mossi de Sobaka

Jean-Noël S. Ouédraogo[14]
avec la collaboration de Saratta Traoré

Sobaka[15] est un village mossi situé en terre gurunsi dans la province du Ziro à 80 km environ au sud de Ouagadougou. Les habitants seraient venus de Bassawarga, situé dans le Plateau Mossi ; tous s'appellent Zundi. Ils considèrent les autres moose comme des *saamba*, des étrangers. Le récit de fondation dit que des jeunes hommes avaient été envoyés comme éclaireurs par les vieux de Bassawarga à la recherche d'un point d'eau ; ils le trouvèrent en un lieu inhabité où se croisaient deux chemins : un chemin menait à Saanbin, un autre à Bakata. C'est à cette circonstance que le village fut nommé Sobaka (« la

---

[14] Enseignant
L'auteur remercie Saratta Traoré qui a pris sur elle de transformer en un chapitre de cet ouvrage le rapport de terrain qu'il avait établi dans le cadre d'un stage effectué dans le cadre du projet Jachère en Afrique Tropicale, INERA-IRD.

[15] L'étude a été réalisée dans le cadre des travaux de terrain de l'équipe jachère au Burkina en collaboration avec le Pr Antoine N. Somé de l'UPB, Université polytechnique de Bobo-Dioulasso, et l'ingénieur de l'INERA André B. Bationo. Jean-Noël S. Ouédraogo est un enseignant venu apprendre avec nous les techniques de travail de terrain et il avait établi cette étude sur le village de Sobaka. Les plantes ont été déterminées par le botaniste Saïbou Nignan. On trouvera l'étude réalisée sur les femmes de Sobaka *in* Traoré & Fourgeau 2006.

croisée des chemins » en mooré). Mais il y avait des villages environnants : Lilburé, Bougayonon (appelé encore Yarga), Kébènnin, Bangbangré (ce village n'existe plus de nos jours). Il se trouve être situé en pleine réserve de Nazinga (Yaméogo 2005) où son ancienneté d'installation l'a préservé d'être chassé comme d'autres villages d'implantation récente. La terre était gurunsi et les chefs de terre gurunsi ont autorisé l'installation du groupe de Mossi à ce lieu. Pour certains rites, le village dépend de ces chefs de terre. Pour d'autres, ils sont autonomes. Signalons aussi que ce village est devenu chrétien, puis a repris ses coutumes et sa religion ethnique lors de la grande sécheresse des années 70-80 ; c'est à cette fidélité à leurs traditions et à leur authenticité culturelle que les villageois attribuent le fait de n'avoir plus à souffrir de la sécheresse depuis.

Le bois de chauffe est largement exploité dans la zone (Nignan, *in JAT*, 2006) et 18 millions de francs cfa[16] ont été injectés dans cette zone par les revenus du travail d'abattage en six ans. Donc, le village n'est pas démuni d'apports financiers. On doit aussi signaler qu'une pompe est installée et que depuis dix ans existe une station agronomique d'essais qui entretient deux ou trois permanents, en plus des chercheurs de l'INERA[17] qui viennent y travailler temporairement et y entretiennent un observateur permanent.

Le village de Sobaka étant retiré des grands axes routiers, il n'y a pas de non-agriculteurs, l'absence des artisans est un des freins de son développement. Dans le village, il n'y a jamais eu des gens de caste comme les forgerons... Pour ce qui concerne les artisans non castés, il y avait seulement quelques individus plus habiles que d'autres en la matière qui tissaient le coton local lors de leur temps libre. Mais de nos jours, il n'en

---

[16] 180 000 ex francs français

[17] Institut national d'études et recherches agronomiques, Ouagadougou

existe plus. Pour les autres objets artisanaux comme les ustensiles de cuisine, les mortiers, pilons, les poteries, portes et fenêtres taillées dans la masse des arbres, c'était pareillement le fait de personnes plus habiles à titre personnel que d'autres. Il reste 3 ou 4 tisserands, trop vieux aujourd'hui pour exercer et qui n'ont pas transmis leur technique[18]. Aujourd'hui, il n'y a pas d'artisans et tous les objets sont achetés dans les marchés des autres localités environnantes (Bassinage en particulier).

L'absence de gens de castes ne s'explique pas par le fait que les habitants sont des immigrés qui n'auraient pas amené avec eux des gens de caste, car à Bassawarga même, il n'y avait pas de personnes castées (forgerons ou griots). Au cours de la migration aucun tradipraticien n'est venu avec le groupe des migrants et depuis les origines les malades du village sont pris en charge par leurs concitoyens ou par des tradipraticiens itinérants.

Les dénominations de l'espace

Les habitants n'utilisent que le mooré, leur langue ; ils ont gardé tous le vocabulaire relatif aux terres et aux opérations culturales. Comme d'autre part ils sont installés dans une région fertile qui garde sa végétation originelle et son stock d'animaux, nous disposons de conditions optimales pour évaluer la perception de l'espace mossi et d'effectuer ici ce que Lacombe et Yaro ont fait sur les dénominations bwamu et nuna (voir les deux chapitres suivants).

[18] A Mamou, village bwaba dont il est traité au chapitre 7, les tisserands étaient nombreux avant les années cinquante, mais ils n'étaient pas castés ; de même, à Sobakaniédougou, les musiciens ne sont pas des griots, ce sont seulement des paysans plus musiciens que les autres qui jouent du balafons et des djembés. Chez les Bwaba, tout le monde peut jouer du *tianhun*, harpe d'herbe sur radeau, alors que chez les Winye, eux, seuls les griots sont autorisés à jouer ce cet instrument qu'ils appellent *sambu* (information personnelle, Bernard Lacombe et Issouf Yao).

Nom de la forêt initiale

Plusieurs termes sont disponibles. *Googo* : endroit très touffu qui ressemble beaucoup à une forêt dense ; *nyann'ga* (ou *môôkâm*) qui est le nom d'une espèce de hautes herbes pérennes (*A. gayanus* ou *S. giganteus*) utilisées pour la confection des toits de cases ; *wéogo* : brousse (sens général) ; *zîinga* : endroit (sens général).

Parmi eux, lequel convient ? *Zîinga* semble convenir au nom de la forêt initiale ; dans le langage courant, le terme *zîinga* s'emploie toujours avec son but. Par exemple : « J'ai trouvé un endroit (*zîinga*) pour faire un champ ».

Opérations culturales

Pour l'ouverture de la forêt en champ, toutes les espèces d'herbes sont détruites ainsi que certaines espèces d'arbres ; d'autres arbres sont protégés et soigneusement entretenus alors qu'ils ne sont qu'à l'état de pousse. C'est en particulier le cas du karité (*taan'ga*), du néré (*roanga*). Certaines espèces, quand bien même sont-elles considérées comme utiles, sont détruites parce qu'abondantes à l'état naturel ou concurrençant les cultures céréalières.

Les rites

Pour l'ouverture d'une forêt, l'intéressé consulte d'abord un devin (dit marabout) qui n'est pas forcément du village, afin de savoir s'il peut ou non exploiter le terrain. Au cas où le terrain peut être exploité, alors les sacrifices donnés par le marabout sont faits par l'intéressé seul ou avec la participation du chef qui le coiffe directement ou avec sa famille élargie. Dans tous les cas, ceux qui devront prendre part à ces sacrifices sont indiqués par le marabout. Les sacrifices sont généralement faits sur l'espace qui doit être ouvert. Il y a des jours favorables : mardi, jeudi et samedi. Le chef du village y prend part lorsqu'il y a un sacrifice en l'honneur de la Terre.

Pour la saison hivernale, ce sont toutes les familles qui prennent part aux sacrifices. Tout d'abord, chaque chef de famille cotise pour l'achat d'animaux (le plus souvent des moutons et des chèvres). Un jour est choisi et annoncé à tout le village pour les différents sacrifices. Ce jour-là, chaque famille apporte une poule et un repas. Les familles se réunissent chez le chef et les animaux sont sacrifiés par le chef, ou en son nom.

Les sacrifices

Des sacrifices sont effectués pour remercier ou rendre propices plusieurs forces naturelles : la Terre, les esprits de la brousse, la rivière, les fétiches et la colline. On sacrifie à chaque fois une chèvre ou un mouton plus quelques poules ; on y ajoute symboliquement quelques victuailles.

- On commence toujours par les sacrifices en honneur de la Terre, car c'est elle qui supporte toutes les créatures ;
- Les sacrifices en l'honneur des esprits de la brousse, sont destinés à protéger les travailleurs des blessures graves, des morsures de reptiles, des maladies causées par les mauvais esprits ;
- Ceux en l'honneur de la rivière ont pour but de préserver la rivière du tarissement et le village des crues. Ils protègent également les habitants et le bétail des noyades ;
- Ceux en l'honneur des fétiches apportent la fertilité aux femmes ; ils favorisent également le mariage des jeunes garçons ;
- Les sacrifices en l'honneur des esprits de la colline sont des implorations pour une bonne pluviométrie et pour préserver le village de toute catastrophe.

À chaque sacrifice, les familles prennent un repas. À la fin (dernier sacrifice) toute la viande est répartie entre les familles. Les restes des repas sont consommés avant que les gens ne rejoignent leur domicile. Après ces sacrifices collectifs, les sacrifices individuels ne sont plus nécessaires. Mais personne n'est empêché de faire un sacrifice pour des raisons personnelles. Tout dépend de la capacité et de la religiosité de chacun. Avant et après les récoltes, il n'y a pas de sacrifices collectifs. Ce sont seulement quelques sacrifices personnels que certains font afin de rendre grâce aux esprits pour leurs récoltes.

Les interdits dans le village

Il y a plusieurs interdits parmi lesquels figurent trois grands dont la violation entraîne obligatoirement la mort du coupable (un ou plusieurs), que celui-ci avoue son délit ou pas. Quand un coupable se dénonce, on lui impose des sacrifices, mais c'est plutôt par bonté, pour détourner son attention du fait qu'il est certain qu'il va mourir. La mort est inévitable, sauf s'il n'y avait pas viol totalement conscient de l'interdit. Tout étranger désireux de séjourner dans la région est prévenu dès les premiers moments de son séjour. Les sacrifices demandés pour le pardon du fautif sont faits dans le but de préserver le village de toute conséquence néfaste de cet acte individuel qui a pour première conséquence de faire cesser les pluies.

Les trois grands interdits sont :

1) Tuer un python (*wagkiinfo*) : ce meurtre attire différents malheurs au village (mort de personnes, maladies…) ;

2) Tuer un crocodile (*yinbga*) : ce meurtre dessèche les rivières et les puits et provoque d'autres malheurs. Pour implorer le pardon pour sa communauté, le chef sacrifie un mouton, une chèvre et des poules. Seuls les vieux prennent part à ce sacrifice ;

3) Avoir des rapports sexuels dans la nature. La copulation hors des maisons arrête la pluie certes, mais elle provoque la mort certaine des coupables par suite de morsure de reptile ou d'accident ; il n'est donc pas nécessaire qu'ils avouent. On sait

qui a violé l'interdit quand les coupables décèdent, plus souvent d'une morsure de serpent : l'effet devient la cause. Au cas où les coupables avouent, ils sont fouettés (l'homme étant attaché mais pas la femme) ; ils font chacun le sacrifice d'un mouton puis de quelques poules. Qu'ils ne meurent pas ne doit pas signifier qu'ils ne savaient pas ce qu'ils faisaient, mais qu'ils avaient réussi, par les sacrifices, à retarder la menace.

Généralement, aucun délit ne passe inaperçu puisqu'à chaque fois, quelque chose d'anormal se passe. Dans les cas incertains, les vieux découvrent l'acte par des consultations (sacrifices et opérations divinatoires). Et la recherche des coupables se centre sur ceux qui ont des accidents.

A côté de ces grands interdits, d'autres sont aussi cités :

* Tuer une gueule-tapée (*wiougou*), une tortue (*kouri*) ou un varan (wouuga) dans le village, ou dans son propre champ ou encore sur certains lieux de la brousse connus de tous. Cet acte cause des malheurs considérables aux coupables ;
* Tuer n'importe quel autre animal dans son propre champ. Exception faite des animaux dangereux et destructeurs comme le singe, le scorpion, les serpents venimeux tels que la vipère et le naja... Ces actes provoquent des malheurs mais seulement sur les coupables et leur famille, qui doivent donc après l'acte, effectuer des sacrifices de contrition ;
* Voler dans le champ d'autrui ou détruire ses cultures par une force occulte ;
* Garder pour soi tout animal domestique égaré et se retrouvant dans le village alors qu'il doit être remis au chef de Nabilpaga ;

Il y a bien d'autres interdits, moins importants que les précédents, mais de plus en plus violés de nos jours parce que beaucoup les ignorent surtout quand il ne sont pas de la famille Zundi.

Signalons que les animaux dont le massacre provoque des malheurs ont une aura presque sacrée : s'ils viennent dans le village ou dans les champs, s'ils se montrent, c'est pour prévenir le village des menaces qui le guettent. Par exemple, si un python se saisit d'une poule dans le village, ou qu'un crocodile agresse un habitant, le village se mobilise pour déterminer les risques dont ils sont menacés et les vieux effectuent les sacrifices qui s'imposent.

Appellation des différents paysages

Entre le village et la forêt la langue mooré distingue plusieurs paysages. On peut décrire le territoire d'un village en partant du village pour arriver aux limites de son territoire, ou partir de la brousse lointaine pour en arriver au village.

En partant du village

Autour des cases on nomme les champs selon la nature des plantes cultivées ; par exemple :

* *kaman'ga*, pour un champ de maïs ; *kinkinwgo*, pour un champ de sorgho ou mil ; *man'ga*, pour un champ de gombo ;

* autour du village : °*yirinôrn'puugo* ;

* Dans la brousse :°*wéowgn'puugo* ou *wéyiiga* ;

Notons la polysémie du terme *puugo*. Dans le langage courant, la différence entre les champs autour du village et dans la brousse n'est pas aussitôt perçue ; tout est simplement appelé *puugo*. Et par ce nom, l'on sait déjà que c'est un champ situé hors du village ;

* Par ailleurs, les noms de certains champs découlent de leur situation : si les champs sont situés dans un bas-fond, on dit : *bâongn'puugo ;* s'ils sont situés sur une hauteur, on dit : *tanghin'puugo*.

En partant de la forêt, les différentes rangées de champs ne sont pas perçues en ce qui concerne leur nomenclature dans le langage, on quitte la brousse (*wéogo*) et on entre dans le village (*yiri*) d'une manière insensible sur le plan linguistique : {*Wéogo* ‒▶ ‒▶ *yiri*}.

Quant à la jachère, en mooré, elle se traduit par *puwèèga*. Un champ peut être exploité pendant 4 à 6 ans avant d'être laissé en jachère. Cette jachère peut durer 5 ans. Dans la jachère, les interdits sont moindres et les conséquences de leur violation sont seulement limitées au coupable.

Les seuls interdits rencontrés dans la jachère sont :
* l'abattage des arbres qui avaient été laissés lors de l'ouverture de la forêt en champ ;
* tuer un python, un varan ou une tortue est interdit ; mais on peut y chasser n'importe quel autre animal : lièvre, biche… ;
* y avoir des rapports sexuels.

Le plus souvent, lorsque le champ est situé loin du village, on y construit des maisons pour plusieurs raisons : s'abriter en cas de pluie ; s'installer avec la famille jusqu'à la fin des travaux. Dans ce cas, la cour dans le champ a le même statut que celle du village. Par conséquent, les rapports sexuels y sont permis. Les maisons sont construites de la même manière qu'au village et portent les mêmes noms. Seulement, dans le langage courant, un seul nom désigne la maison de brousse qu'elle soit case de paille ou maison en terre battue, c'est : *puugroogo*.

Dans le village ou en brousse, dans le langage courant, les maisons sont appelées par leurs noms vernaculaires :

- Case en paille : *sougr doogo* ou *romoôgô* ;
- En terre battue : *gonsgo* ou *beun'go* ;
- Greniers : en paille :*pulugu* ou en terre : *bôôré* ;

- Poulailler : *nôôsroogo* ;
- Bergeries (pour chèvres) : *buusroogo* ;
- Maison pour moutons : *piisroogo.*

Les rapports entre sexes

La collaboration entre conjoints se produit pour certaines opérations culturales, comme l'ouverture du champ. C'est l'homme seul qui se charge d'arracher les hautes herbes, de couper les arbres, de dessoucher. La femme, elle, peut prélever du bois de chauffe parmi les branchages laissés par la défriche. Pour les semences, sarclages et récoltes, les deux sexes collaborent.

Le plus souvent, c'est l'homme seul qui s'occupe des labours (ouverture de sillons ou façonnage des buttes à la daba – mais cette daba n'est pas celle utilisée par les populations des sols lourds, en pelle, elle est simplement une grosse daba). La femme peut y participer mais, en principe, elle n'y est pas obligée. Lors des récoltes, c'est l'homme qui déracine les tiges et les couche à terre ; la femme coupe les épis, qu'elle entasse dans un endroit préparé du champ, appelé *zêga.*

La femme a un lopin de terre (*beuln'go*) donné par son mari (une petite surface du champ familial). Elle s'en occupe à partir de 16 heures après sa participation aux travaux du champ familial (alors que le mari y reste jusqu'à la tombée de la nuit et trouvera le repas prêt en rentrant). Il n'y a pas de rites lorsque la femme entre en possession de son lopin. La femme dispose de toute sa récolte ; elle peut vendre (mais après avoir prévenu son mari) pour s'acheter soit des habits soit des condiments. De retour des champs, la femme doit emporter soit du bois, soit des feuilles sauce ; le mari peut rentrer les mains vides.

Dans la jachère, c'est la femme qui se charge de la cueillette du néré (*rondo*), des noix de karité (*taam zouuni*), du kapok (*voaga*). Elle peut apporter des termites (*tan'béko*) pour les poussins, mais c'est les hommes en général qui ont ces poussins... Le plus souvent, c'est elle qui abreuve les animaux de la cour (moutons, chèvres...) Au cas où la jachère du mari a été prêtée momentanément à quelqu'un, c'est l'épouse qui conserve les droits d'exploitation des arbres. Si elle n'a pas pu les exploiter, le "logé" utilisant la jachère a le devoir de lui donner une partie de la cueillette.

Conclusions

Nous voyons que les dénominations complexes du milieu naturel sont aussi subtiles chez les Mossi, venus de terres pourtant fort dégradées du Plateau Central que dans les autres groupes socio-culturels du Burkina (Marchal, 1983).

Le fait que les immigrés du Plateau Mossi aient une nomenclature complète de la végétation avait étonné les membres de notre équipe à Bondoukuy et Samorogouan. En fait, aux dires des vieux arrivés dans les zones d'accueil quand ils étaient jeunes, ils avaient connaissance de la flore et de la faune, identiques à celles qui existaient encore dans leur pays d'origine il y a trente ou quarante ans.

Dans les vieux pays du Plateau Central, certains termes doivent être plus difficiles à recueillir et interpréter que dans ces zones de migration ancienne parce que la dégradation du milieu naturel au Pays Mossi fait que certains termes soit sont déviés de leur sens originel, soit perdent l'objet concret qu'ils désignent. Une lecture orientée de l'ouvrage de Jean-Yves Marchal (1983) sur la question serait une tâche des plus intéressantes à accomplir compte tenu de l'information de première main que son ouvrage fondamental apporte à la connaissance de l'agriculture mossi – et des jachères mossi.

Tansport de tiges de mil (région de Kaya)

Concession mossi à Bondoukuy

Chapitre 7

La jachère chez les Bwaba : espace sans culture & espace de culture

Bernard LACOMBE

Il est banal de dire que les langues et les cultures n'effectuent pas le même découpage du réel. Notre objectif dans cet article est de présenter l'intérêt d'une étude anthropologique dans l'appréhension de l'espace mental bwaba ou bwamu, quant à la jachère, entendue comme un abandon de la culture d'un champ pour une période plus ou moins longue durant lequel la terre se régénère.

Je n'ai pas la prétention de disposer d'une information dépassant le cadre du village de Mamou, quoique j'ai depuis enquêté sur d'autres, mais cet article s'appuie principalement sur l'information qui y a été collectée. Et donc je remercie particulièrement, ainsi que Coulibaly Yézuma, Dwanio Sanlé et Nyumu Tswani pour leur collaboration dans la discussion des informations collectées au cours du terrain. Mamou est un village purement bwaba comportant des campements peulh permanents sur son territoire (trois-quatre grandes familles). Il a la particularité de disposer à lui tout seul d'une variante dialectale du bwamu, repérée comme telle par Georges Manessy (Capron, 1973 : 37). Pour cette raison je me suis concentré sur ce village pour cette enquête dans le cadre de l'approche de la jachère par les paysans, ou de l'étude du contexte socio-culturel dans lequel s'inscrit la jachère. Mamou, comme beaucoup d'autres villages, ainsi que Capron le signale pour ceux dont il a effectué une monographie, est, en soi, un de ces regroupements que les guerres de XIXème ont provoqués : c'est ainsi que les trois quartiers qui composent le village (Kansará, Saana, Maasara) se réclament d'une origine différente. N'ayant jamais été « cassé » ni par d'autres groupements bwaba, ni par les Français lors de la révolte de 1917, ni par d'autres conquérants, le village n'a pas de toit de paille, sauf parfois le quartier de Saana qui en avait mais c'était des habitations d'étrangers au village, lesquels ne sont pas soumis aux règles et interdits qui rythment la vie des autres villageois du cru.

Le bwamu (langue) transcrit dans cet article est exclusivement celui de Mamou. J'ai délaissé les autres graphies possibles. Naturellement j'utiliserai dans cet article une transcription simplifiée des termes bwamu car il est difficile de se débrouiller dans la richesse du bwamu, avec ses trois tons repérés, ses brèves et ses longues, l'accent tonique, la richesse en voyelles et en nasalisation et enfin l'inflexion des phrases : la transcription est pour cette première approche une gageure, surtout vu la vitesse de cette langue[19]. Le linguiste pourra s'y

[19] J'adopte l'accent aigu comme marque d'accent tonique, le grave comme ouverture de la voyelle, le n comme nasalisation de la voyelle précédente (c'est le ~ habituel mis sur la voyelle), ce qui s'applique également à la consonne ng quand elle est finale ; le gn (français) dans le mot est transcrit par ny, le h est aspiré, ainsi qu'un g, les voyelles longues sont redoublées. Je n'ai pas distingué les deux l que comporte le bwamu de Mamou. Comme toujours avec les langues à tons, il est difficile de déterminer si les différences que l'on entend impliquent des différences de lettres ou ce sont de simples modulations euphoniques. De nombreuses questions sont restées hors de mes compétences. Disons que Mamou, dans notre graphie, devrait s'écrire Maamu, car la première voyelle est une longue. Le lecteur intéressé pourra voir les travaux de G. Manessy, linguiste qui s'est principalement attaché à cette langue et à ses variations. Voir Barreteau et Diarra, en référence bibliographique, document d'enquête aimablement prêté par ses auteurs.

retrouver tout en déplorant nos erreurs, quant à celui que seul le contenu informatif intéresse, il ne sera pas freiné par des signes cabalistiques (j'ai cependant mis *c* pour *tch*) et aura l'assurance que je me fonde sur des concepts bwamu dûment répertoriés dans cette tentative d'appréhender comment la jachère s'insérait dans les différents axes de la logique bwamu.

Première approche : deux axes, l'un diachronique, l'autre spatial

Deux approches permettent de pénétrer dans la complexité des pratiques culturales et culturelles de l'univers bwamu - et à dessein j'utilise ce terme car il recouvre non seulement le concept de langue, le bwamu, mais celui de culture, de civilisation. Ces deux approches ne fournissent pas la même classification. Cependant elles sont bien dans l'information elle-même : on distingue bien en bwamu la distance de la cité comme un critère, et la durée d'abandon comme un autre critère de définition d'une réalité « jachère », sans que ces deux classifications se recouvrent pour autant[20].

Une première approche permet de distinguer une série temporelle :

- champs cultivés : *máan* ;
- champs abandonnés : *waaké* ;
- jachère : *waari* ;
- friche : *biing*.

(J'assimile friches et terres n'ayant jamais été cultivées de mémoire d'homme. Si j'utilise le terme friche, c'est que le *biing* est précisément approprié. Il est défini par sa proximité

[20] Pour répondre à une observation pertinente de notre collègue anthropologue Stephan Dugast qui se demandait si la logique du questionnement « savant » n'avait pas induit une logique fréquente dans l'approche scientifique : espace, temps.

géographique, et donc en termes de propriété, avec des *waari*, qui, eux, sont appropriés par « travail » d'ascendants précisément définis et repérés dans la parenté (le travail définit la propriét). Ces grands et arrière-grands-parents ont déterminé entre eux, avec leurs voisins, la part qui leur revenait dans l'espace global du *biing* originel lors de l'installation du village d'aujourd'hui.)

Signalons que la traduction de l'agent des eaux et forêts adoptée en bwamu est *waari waso*, le "propriétaire des jachères", ce qui implique que l'espace total du territoire du village est perçu comme un espace collectif approprié.

Une seconde approche détermine un cadre spatial :

- le village (mais les Bwaba disent « la ville » quand ils parlent, en fait c'est le terme « cité », au sens de la cité grecque qui convient pour désigner l'espace village bwamu/bwaba) : c'est le *lúo*, et au-delà est la terre (*si*) ;

- les pieds de murs, *paniman*. *Paniman* a deux concepts : celui de la zone du pied de mur, laquelle est totalement assimilée au village ; et celui de la zone où se déversent les déchets et produits du balayage du village : elle est aussi appelée *donfinyon,* c'est un espace qui appartient au *paniman*. Le *paniman* est, globalement, la zone avant les premiers arbres, en général des *Acacia albida*. Les *Acacia albida* ne sont pas en ligne, ils couvrent un espace, (anciennement habité selon les traditions et on y voit clairement les traces d'anciennes maisons). L'ensemble du *paniman* (*donfinyon* compris) et de la zone à *Acacia albida* forme les *kerá* ; les *kerá* sont la zone des "champs de case" (pour reprendre la terminologie en usage quoique parfaitement impropre à décrire l'espace de ces champs pour un village bwaba) – c'est la zone des cultures autrefois pérennes –, les *kerá (sing. : keré)* ont pour limite le *lokora*. Le flou ainsi exprimé ne vient pas de mon fait, il est dans l'information même : la pensée bwamu n'est pas ferme dans ses propres définitions, ce qui s'entend compte tenu des enjeux sociaux des interdits impliqués, dont je reparlerai, que l'on doit pouvoir interpréter dans les cas concrets[21] ;

- le *lokora* est un espace-tampon, proche du village, mais ayant déjà les caractéristiques physiques et sociales de la brousse, son sens premier est « défriche de village »[22] ;
- la brousse, *ban*[23]. Le *ban* va, en tant que territoire, de la limite du *kerá* (*lokora*) à celle du finage villageois. Pour Mamou, c'est la rivière *Cun*, qui est le petit Balé, au sud.

Avant les limites du territoire du village, l'espace (composé de brousses) se dit *ban njuntini* (au milieu de la tête de la brousse), au-delà se situe la brousse lointaine : c'est le *Wawa*. Mais je sors ici de l'épure fixée.

L'on voit dans cette classification spatiale que la ville ne s'oppose pas à la brousse alors que ces concepts servent pour différencier le sauvage du domestique : *ban ya*, animal sauvage, *de ya*, l'animal domestique. Ainsi en sera-t-il du cochon (*ban nambueeri / de nambueeri*), de la pintade (*ban cuo / de cuo*)... *Ban* connote donc 'brousse' et 'sauvage' et *de* connote 'chez soi' et domestique (*lúo* = le village, *de* = chez soi).

Il nous faut comprendre un fait très important : le village bwa d'aujourd'hui, Mamou et les autres visités, ne ressemblent plus au plan-masse qu'en fit dresser Capron dans son ouvrage de 1973. Au contraire, il a complètement éclaté : les murs sont en lambeaux, les maisons à étage en ruines, et

---

[21] Pour donner un exemple, si une sécheresse est très forte, les insultes à la terre vont inclure des espaces de plus en plus proches de la cité, ce que rend possible le flou des classifications : la ligne des *Acacias albida* n'est pas une ligne mais une zone frontière plus ou moins large.

[22] *Lo* = *luo*, village, *kora* = action de défricher, d'essarter.

[23] Rappelons que *ban* se prononce comme 'banc' en français, le n nasalise la voyelle.

même des rez-de-chaussée sont éventrés laissant à nu ce qui autrefois faisait la fierté et la force des maisons : les greniers intérieurs. Ce qui jadis était ruelle s'est élargi et l'habitat est sorti des murs de cette forteresse urbaine qu'était la cité bwaba pour grignoter les *kerá,* ou pour l'envahir en sauts brusques ce qui se voit bien au sud de la route où les Français avaient installé un campement de travailleurs forcés pour la construire et que colonisent de nouvelles habitations. Car au nord, le village est contraint par la colline. D'ailleurs, il existe même des "champs de case" à l'intérieur des murs, du moins des actuels et quelque peu fictifs certes. Cette position doit être nuancée[24] car les cités bwaba ont toujours intégré ces habitations abandonnées, leurs bois de charpente ayant des usages particuliers (soutènement de certaines tombes). Ces abandons font partie du cycle normal du renouvellement de l'habitat, ils sont donc structuraux. Ce qui est nouveau avec les décennies actuelles, c'est le relâchement spatial et l'éclatement de l'habitat « hors les murs », dans le *paniman*, ce qui permet l'abandon de maisons à étages au profit d'une extension spatiale de la surface bâtie.

La terre commence donc au pied des murs, mais quand on fouille le concept avec les informateurs, on a pu constater que la zone dite *kerá* est une zone floue : selon qu'on la considère du point de vue de la ville, c'est une zone en trois parties intellectuellement bien distinctes : pieds des murs, déversoirs des déchets, "champs de case" ; quand on la considère du point de vue de la brousse, qu'on va vers la ville, les *kerá* sont alors indistincts et les "champs de case" (au sens physique du terme) vont jusqu'aux murs - même si, réellement, ils ne vont pas jusqu'à lécher les murs de la ville.

---

[24] Observation personnelle de Stephan Dugast, anthropologue.

En fait, intervient une notion très précise de propriété : les éléments physiques ne sont qu'une partition dont la société bwa a joué : le *keré* est un territoire parcellarisé en permanence et il est nommé (chaque lieu a un nom). Il est assez peu habituel d'en demander l'usage pour une culture, sauf cas particulier. Mais c'est sur des *kerá* que l'on prend pour construire. Ceci ne peut être refusé. Même après construction d'une maison, le propriétaire continuera à exploiter son *keré* jusqu'aux pieds des murs de la nouvelle maison sans rentrer dans la cour. Le propriétaire de la construction nouvelle a donc intérêt à délimiter sa cour par une murette. Chacun tend à cultiver en permanence, sinon de fait, du moins de droit, son *keré*. D'autre part le *ban* est lui aussi décomposé en lieux nommés. Les différents lieux ont certes un nom, mais ils ne sont pas physiquement définis. Le *ban* n'est pas parcellisé de par l'action humaine, mais socialement il l'est au mètre près : les paysans savent très exactement les limites des parcelles appropriées. Cependant, le cadastre ne se lit pas dans le paysage.

Seconde approche : la rotation culturale

Une autre classification intervient qui prend en compte la rotation culturale : soit une brousse arborée à défricher, ce fut autrefois un *waari* car elle a dû être cultivée au cours de la lointaine histoire (les fondateurs de Mamou n'ont-ils pas trouvé eux-mêmes trois puits déjà forés et construits en pierres ?), mais enfin, on ne sait pas qui l'a fait..., alors on effectue les cérémonies demandant l'approbation de la terre (épisode classique chez les Bwaba de l'égorgement d'un poulet qui, pour répondre 'oui' se jette sur le dos et 'non' se met sur le ventre après s'être débattu contre la mort ; les anciens vérifiaient la qualité de la réponse en regardant les reins, s'ils étaient clairs, la réponse était positive, si leur couleur était foncée, elle était négative). Ces cérémonies ont lieu par étapes successives : chez les ancêtres en ville, en leur maison, d'abord, et sur la terre et la jachère elle-même, dans un second temps. L'autorisation obtenue, on défriche alors en saison des pluies. (Passons sur les détails de culpabilité éventuelle si l'on n'obtient pas la bonne réponse du premier coup – en fait, on a décidé de cultiver et le surnaturel finira par opiner et un poulet par enfin tomber sur le dos[25].) Ces sacrifices n'ont rien à voir avec les cultes et sacrifices rendus à certains points de la brousse, des champs ou de la cité qui sont marqués par des autels, canaris ou monticules de pierres ou de terre, à quoi on sacrifie à certaines occasions. Le meilleur jour pour commencer de défricher est un jeudi, sinon le lundi ou le vendredi. La défriche d'hivernage est dite *kónu*, elle produit un *kónu*, espace qui n'est pas encore vraiment cultivé puisqu'il ne contient pas du « vrai » grain. Elle consiste à dessoucher les herbes pérennes et l'on sème à la volée du sésame, puis on coupe les arbustes et enfin les arbres utilisables pour la construction et autres usages. Ceci fait, on brûle à la fin de l'hivernage. Ceci est l'année zéro pour les Bwaba. Il faut dire zéro, car ainsi s'expriment les informateurs : rien, car c'est avec la première vraie culture – celle du mil ou du maïs – que va débuter le décompte des années pour les Bwaba.

Il se peut qu'en saison sèche on doive effectuer une seconde défriche, c'est la *bamban*. S'il n'y a que l'opération *bamban*, alors ce n'est pas une vraie défriche : ce n'était pas une vraie brousse. Seul *kónu* est une défriche à part entière et elle se fait en hivernage. Tout comme la culture du sésame, consommé

[25] Cette formulation n'implique naturellement pas, pour répondre à une observation de Dugast sur notre formulation, que l'on n'ait affaire qu'à une série de sacrifices, car il est évident qu'à chaque réponse négative des jeux sociaux sont engagés entre les acteurs, que se règlent des attentes, des conflits, des rancœurs, que s'apurent des situations conflictuelles…

cru écrasé ou comme condiment, n'était pas une vraie culture. Ce n'est que par un premier semis de grain que le *kónu* devient un champ, un *máa*.

An 1 est compté comme la première année : on sème, la terre est dure, rétive, elle produit peu. Les herbes, malgré les précautions, malgré le dessouchage des pérennes et le *bamban*, reviennent. Les sarclages sont nombreux et pénibles, la production médiocre.

An 2, là commence la vraie vie et la vraie culture. Tout est mort dans le champ, la récolte sera meilleure, la terre est meuble.

An 3, c'est la meilleure année à tout point de vue si la pluviométrie est au rendez-vous du paysan.

An 4 à 5 ou plus, même jusqu'à 9 selon les ressources du sol, les récoltes diminuent en qualité et quantité (moins de pieds productifs, plus petite taille du mil) ; les adventices (*Digitaria horizontalis*...) alertent, et quand le striga s'en mêle... il faut abandonner : c'est un *waaké* qui, avec le temps, va prendre le statut de *waari*. Pour cultiver ce *waari*, cette jachère donc de 20 ans et plus (en fait une terre est idéalement ré-ouverte à la génération 1, 3, 5...), il faudra reprendre la longue série énoncée plus haut des demandes aux ancêtres, depuis la demande à la terre jusqu'à son abandon après en avoir eu un usage de plusieurs années.

Cette terre ouverte est maintenant appropriée (collectivement à travers celui qui l'a défrichée). L'ensemble de ces propriétés des villageois définit le territoire villageois avec des zones tampons que sont les collines, mais elles restent la propriété d'un des deux villages.

En fait, la circularité du raisonnement est totale car le *waari* que vous avez ouvert était déjà dans votre patrimoine, il avait été ouvert par votre père ou votre grand-père, et à l'origine il était un *waari*, une jachère donc, puisqu'il était une brousse, et s'il était une brousse c'est donc qu'il était un *waari*... parce qu'un *waari*, une jachère, n'est pas seulement une notion agronomique, c'est aussi et surtout une notion juridique : un *waari* appartient à quelqu'un. Ce n'est pas une terre abandonnée. Certes on a abandonné la culture mais pas la terre. On ne peut pas d'ailleurs l'abandonner tant que des descendants et parents agnatiques existent. L'idée d'abandon de la terre n'existe pas en bwamu, c'est logiquement absurde. C'est une terre qu'on vous a réservée, ou que vous réservez à un fils, qui sera exploitée par quelqu'un d'identifié appartenant au lignage paternel, l'ensemble des terres étant géré par le doyen. Et si vous donnez cette jachère à quelqu'un qui en manque, un étranger mossi par exemple, il n'en reste pas moins que c'est toujours à vous, pas à l'immigrant. L'octroi n'est qu'un prêt, il n'est accordé qu'au demandeur, pas à ses ayant-droits qui n'en ont aucun. C'est à l'emprunteur de prévenir ses dépendants, de leur dire à chaque saison pourquoi il est ici, de qui il tient le droit d'usage, car, en cas de contestation, on demanderait à la terre de se prononcer et même s'ils croient avoir raison, les « squatteurs » de la deuxième génération qui auraient cru que la terre était leur propre *waari*, et non celui de l'autre lignage, périraient. L'innocence n'a aucune consistance devant la faute pour la culture bwamu, du moins dans la version en cours au village de Mamou, où elle paraît teintée d'un formalisme assez rigide. Mais la malédiction n'atteint que les Bwaba. Les étrangers, ceux qui abusent de leur hospitalité en obtenant un doigt et en prenant le bras, étendant dans le territoire du village leurs champs de culture en faisant venir leurs parents et alliés, eux, ne sont pas atteints par la malédiction. Et pourquoi ? Parce qu'ils ne remettent pas en cause le droit de propriété de la jachère. Ils ne s'en approprient que l'usage. (De même ne sont-ils pas concernés par le *kiró* – interdit absolu – parce que leur lien avec la terre n'est qu'un lien d'usage, pas un lien d'essence.) S'ils contestaient la propriété, alors la malédiction les frapperait également.

De quelque bout que nous prenions le problème, nous voyons un continuum se dessiner qui est fonction de la nature de l'appropriation, au double sens - et l'un ne va pas sans l'autre ni l'autre sans l'un - du juridique et du matériel. Mais l'enquête a montré que le clivage le plus opératoire restait entre « la ville », et ses pieds externes, et « le reste du monde ».

Troisième approche : les interdits, *kiró*

Disons tout de suite que les interdits ne concernent pas que les jachères, mais on se limitera à ceux qui les concernent.

Une des clauses favorites des Bawba, que ce soit pour faire le poison de guerre ou une cérémonie de défrichage est l'interdit sexuel : « ne pas se perdre sur sa femme » est toujours exigé des gens responsables. En ce qui concerne la brousse, il est interdit d'y copuler, fût-ce entre légitimes. Quand il ne pleut pas, c'est « qu'on » a fauté, et les poulets blancs vont à l'égorgement en série pour déterminer la cause, dénoncer les coupables, les punir et laver la faute. Il est fortement conseillé de ne pas prêter le flanc à la critique en restant en brousse trop longtemps, on vous impute alors la sécheresse. Le cas s'est produit d'un paysan, un peu forte tête (ce qui à vrai dire, concernant les Bwaba, est presqu'un pléonasme) qui allait trop longtemps avec ses femmes sur ses terres de cultures, tout l'hivernage. Il fut forcé à prêter serment, ses femmes n'ayant pas « craqué », en traçant une marque avec le pied sur le sol. Son honnêteté fut approuvée par la pluie qui effaça ces traces le soir même, alors qu'elle disposait légalement de trois jours pour ce faire.

Refuser de se dénoncer est extrêmement dangereux, on est loin du « pas vu pas pris » cher aux Français : les vieux prononcent sur vous la peine maximum réclamant que vous mourriez. Les imprécations se font en invoquant la terre ou l'herbe : *a luo si, a luo nyi.* Comme, finalement, quelqu'un finit toujours par mourir et donc à se dénoncer ainsi, et la pluie par tomber, la malédiction a une efficacité que nul ne peut récuser[26]. Donc, les coupables se dénoncent. Mais là n'est pas notre propos : si une copulation a lieu hors des murs, elle réclame une cérémonie spéciale pour lever le *kiró* (d'autres cas peuvent également provoquer le *kiró* mais ils sortent de notre problème de jachère et sécheresse, sauf un que sera traité ensuite), mais aussi une punition.

Il n'y a pas pourtant pas *kiró* si on copule au pied des murs, dans le *paniman* et le *donfinyon.* On peut. Ce n'est pas recommandé ni recommandable, mais enfin, c'est dans le désordre admissible de l'ordre. Pourtant, il peut y avoir quand même sécheresse, ou des scrupules, ou de la médisance dénonciatrice, auquel cas on lèvera le *kiró* sans humilier les deux partenaires, fautifs mais pas coupables.

La punition, en cas de viol de l'interdit de copulation hors des murs, dans « l'herbe », *nyi,* est sévère : les vieux préviennent les seuls guerriers (ce qui s'appelle « prévenir personne et faire cela en secret », les femmes et les jeunes ne sont donc pas informés, mais on les enferme dans les maisons, pas physiquement certes). Les guerriers prennent leurs arcs et des flèches sans fer, mais pas mouchetées, ce qui amoindrit

[26] L'ironie de notre formulation ne doit pas faire oublier que quoique respectueux des usages, on ne peut se cacher que certaines prédictions ne sont pas forcément créatrices et se réalisent toujours logiquement. Énoncer que le coupable va mourir, implique que la première personne qui décédera est la coupable.

fortement leur précision (pourtant, vu la force de l'arc bwa, une flèche à bout portant peut vous transpercer). Si aujourd'hui on mettrait nus les deux coupables, autrefois cela n'était pas nécessaire, notent nos informateurs, puisque c'est ainsi qu'on allait. On les met face à face, parties contre parties avec une boule d'amadou. Ils doivent mimer l'acte défendu, on enflamme un brandon et un vieux flambe l'amadou. Ils doivent continuer la scène car leur sincérité pour laver l'affront à la Terre doit être entière, et quand ils n'en peuvent plus de douleur ils se sauvent... vers le village endormi, ou faisant comme si, fléchés par les guerriers. Ensuite, on passe l'éponge.

Mamou semble se distinguer d'autres observations faites par Stephan Dugast (communication personnelle), car il a relevé plutôt des formes qui impliquent une fuite séparée, en deux directions différentes et non pas directement vers le village, et l'usage d'un kapok très inflammable au lieu d'amadou se consumant lentement dans d'autres villages bwaba.

Ce qui est intéressant dans l'épisode c'est qu'il s'agit bien de la terre qui a été outragée, la terre comme opposée à la ville. C'est sur la terre, hors des murs, autour de cette limite qu'est le *lokora* que s'effectue le châtiment, et c'est vers la ville que l'on fuit, lavé de la faute.

On peut noter que les gens de Bondoukuy, eux, ont modifié l'interdit. Ils ont décidé, après naturellement avoir demandé son opinion à la terre, qui est quand même une bonne mère que ce soit en système *nazaremu* (européen) ou bwamu, car elle a fini par accepter, que les cases de brousse étaient des cases de ville quand on avait pris un morceau du faîte de la case de ville (*kásara*) pour l'inclure dans la case de brousse. La conséquence est aussi architecturale : Mamou interdit de faire des cases de brousse qui pourraient ressembler à des maisons quand Bondoukuy, lui, fait de vraies maison en brousse (on lira chez Capron, 1973, d'autres exemples et éclairages de cette attitude). Ces maisons, protégées par le bout de bois, sont en fait des ambassades en brousse de la cité ; elles y disposent du droit d'extraterritorialité et leurs occupants peuvent s'y adonner aux joies légitimes de la natte. (Notons qu'un Peul a été initié à Bondoukuy et qu'il appartient aux anciens du Do ; s'il se trouve qu'il survit le dernier de sa génération, il en sera alors le maître, situation impensable à Mamou.)

Si à Mamou rien n'est fait pour effectuer ce changement c'est parce que la pression exercée par les jeunes n'est pas suffisante. Ou bien que la résistance des vieux y est plus solide, moins intéressés sont-ils, de par leur âge qui les prive de désirs inopportuns, et de par leur position sociale qui les force moins à aller en brousse, à voir les choses bouger dans leur village. Il se peut aussi que les terres soient moins loin qu'à Bondoukuy, situé, lui, sur une route très fréquentée et qui a le statut d'un véritable bourg moderne (avec son préfet, un marché permanent...) Mais c'est plutôt dans la modernité relative qu'il faut chercher l'explication, que dans un quelconque déterminant physique.

On doit ici noter un autre cas de *kiró* qui concerne notre propos : quand deux paysans ont établi des buttes sur la même portion de territoire. Par exemple, prenons deux paysans, A et B, ayant deux champs contigus ; A ayant effectué un travail dont les traces sont visibles jusqu'à dépasser la limite de son champ, B peut réclamer mais il doit impérativement éviter d'effecter un quelconque travail (butter, semer...) sur l'empiètement de A, qui est obligé de reconnaître la faute mais récoltera ce qu'il a semé (au sens matériel) ; dans la conception bwaba, il n'y a eu qu'emprunt de terres. L'affaire en reste là. Certes B a eu raison de signaler le recouvrement mais s'il effectuait un travail sur celui de A, c'est lui, B, qui serait responsable du recouvrement, du *konku*, et non pas celui qui est responsable de l'intersection des territoires. C'est donc le *konku* : *bu konku* ou *konku kobu*, littéralement "tu as butté un *konku*". Ce recouvrement, volontaire ou non, de deux propriétaires réclame d'être lavé de son opprobre. L'intersection de territoires revendiqués chacun par deux propriétaires se règle selon les procédures habituelles d'appel à la terre. Mais le *konku* est spécifiquement le recouvrement par l'un d'un travail de terres travaillées par l'autre, et c'est celui qui travaille la terre travaillée qui a tort, même s'il en est le « propriétaire ». Le *konku* réfère également à d'autres interdits qui sont externes à notre propos.

Revenons un peu sur cette notion d'indissolubilité des liens qui paraît structurer l'univers bwamu : celui qui unit deux conjoints, celui qui unit un homme à sa terre parce que d'autres ont créé ce lien (rapt de la femme et sifflement du sifflet sur la case de l'époux pour le premier, ouverture de la terre par un ancêtre dans le second : dans les deux cas c'est parce que c'est la ou les familles qui sont liées). Cette indissolubilité paraît une conséquence d'une conception familiale qui imprègne la société : les individus ne sont que les incarnations impermanentes d'une structure pré-établie. On a une espèce de contradiction entre des individus bwamu « individualistes » jusqu'à « anarchistes », pouvant affirmer leur moi et le devant même, et une dépendance absolue par des liens transcendants. Il se pourrait bien que ce soient deux aspects d'une même réalité : parce que l'une, on a l'autre, et réciproquement.

Autres connotations du terme jachère : l'abandon (*waa*), le travail (*tónu*)

Quand on demande à un Bwaba qui est là et pas là, il décompte ceux qui sont absents du village comme étant « dans la jachère ». Ils ne comptent pas, ils n'existent pas. Quand autrefois un Bwaba partait en Côte d'Ivoire ou au Ghana, ou pour l'armée française, on attribuait l'épouse du partant à un autre membre du lignage ; les enfants restent toujours ceux du mari (le mariage bwaba, quoique les femmes « s'évadent » plus souvent qu'à leur tour, est indissoluble). Être dans la jachère, c'est être inexistant ; la personne dite « dans la jachère » n'est pas considérée comme décédée certes, mais elle n'appartient plus au village, elle est dans une zone de non-droit, elle ne sera plus citée. C'est d'ailleurs ce qui explique que les émigrés envoyaient leur photo en premier, avant tout argent, et que cette effigie était montrée à tous leurs concitoyens des jours durant. Cela rassurait ses proches que, pour être « dans la jachère », il n'avait pas pour autant abonné les siens, qui donc n'avaient pas à l'abandonner, qu'il existait et pouvait être considéré comme tel. Car une autre notion est fondamentale pour entendre la jachère, c'est celle d'abandon qui court à travers l'imaginaire bwaba : est jachère le *waaké* et pas seulement le *waari*. Or le *waaké* c'est un champ, même ouvert de l'année, que l'on n'a pu cultiver complètement pour des raisons diverses à quelqu'étape du travail. Le champ c'est le lieu où il n'y a rien, rien qui n'ait été semé. La jeune jachère, le *waaké*, c'est le lieu qu'envahissent les herbes parce que l'homme n'a pu assumer la charge de travail qu'il s'était prescrite. Dans certains cas la honte est alors grande, comme celle saisissant qui aurait eu les yeux plus gros que ses bras pour sarcler. Sauf si tous sont dans le même bain parce que la pluie est très forte et les désherbages trop fréquents pour être tous réalisés, alors chacun, forcé par les éléments, restreint l'espace du champ cultivé.

On a aussi un crapaud, fort goûté des Bwaba, qui vient avec les pluies, on l'appelle normalement *hábunu*, mais en saison des pluies on le nomme *mawaari* (champs-jachère, sous-entendu : vos champs en deviennent des jachères), car il sort avec les pluies. Au lieu de s'activer à semer, l'imprudent trop gourmand les attrape, ce qui est aisé, mais les préparer pour les dépiauter est très long... et le temps est court que laissent les éléments à l'homme pour travailler ses champs. Celui qui est pris par le temps pour ses travaux des champs perd la face.

On doit noter aussi que la jachère, c'est là où sont les ancêtres, alors même qu'on les enterre dans le village. Et qu'aller en jachère est un terme général pour dire qu'on est parti, qu'on soit à la chasse, en voyage ou absent. Autrefois, il y a deux décennies, un homme ne quittait pas son village sans son arc et ses flèches, sinon, il était « nu », moralement s'entend. Plus que nu, il était femme. Donc, quand on sort de la cité, on devient autre, il y aura tout un travail à effectuer pour percer ce pan de la culture bwamu : les qualités demandée au Bwaba en ville et en brousse sont différentes, mais pour cette recherche je n'ai encore rien pu déceler entre les sexes et les jachères en dehors de ce qui est rapporté plus haut.

Enfin, le travail c'est les champs et la construction de maison. Les travaux féminins pour agrémenter le tô, aliment de base fait à partir du grain semé et récolté, en aller chercher la sauce n'est pas un travail. Pas plus la cueillette que la chasse ne sont considérées comme un travail. La construction des maisons, la coupe du bois de chauffe sont du travail car il faut bien habiter quelque part et cuire le grain, mais l'entretien des maisons, la cueillette du bois de cuisson ont déjà un statut mitigé.

Le travail c'est donc ce qui concerne la cité et le champ, et seuls les spécialistes (griots, chasseurs professionnels, tisserands...) qui, par la vente de leurs produits ou échange de prestations, s'assurent l'achat du tô et la construction et l'entretien de leur maison, effectuent du travail « hors-champs ». Le paysan qui tisse, ou effectue tout autre « travail » (en français) ne travaille pas (en bwamu). La brousse, et toutes les jachères, ne sont pas des lieux de travail. Les chasses collectives, les cueillettes (termites pour les poussins par les hommes, bois divers pour fabriquer arcs et flèches…) ne sont donc pas du travail, c'est pour cela que les vieux estiment que les jeunes travaillent plus qu'avant, puisqu'ils cultivent de plus grandes surfaces. Qu'ils soient désœuvrés en dehors de ces travaux-là n'entre pas en ligne de compte.

On voit toute la difficulté de lancer des cultures de contre-saison et des travaux d'entretien de jachères, puisque la fierté du bwaba est très grande et son honneur pointilleux sur cette question. On passe vite pour un écervelé à « travailler » (au sens français du terme) dans les *waaké*, *waari* et *ban*. Pour un Bwaba de Mamou, seul le travail de la terre est un travail, le reste se compose d'occupations plus ou moins ludiques. Il est un trait culturel bwaba sur lequel il faut insister : c'est l'aspect de la compétition entre groupes et individus. Tout, ou presque tout, est prétexte à défis : champs de femme, lutte, tir à l'arc, chasse, etc. Cela permet d'entendre qu'une grande partie des activités bwaba aient été assimilées à des activités sinon ludiques, du moins de non-travail[27]. Ce qui est cherché c'est l'honneur dans la joie et non pas la récompense d'un effort (Nazi Boni, 1962).

---

27 L'importance de la réputation que l'on peut acquérir en ceci ou cela est d'une grande importance pour la culture bwamu. En voici un exemple : un des citoyens de Mamou est ce qu'on pourrait appeler en français, un fameux pistolet, pas très recommandable donc, pourtant, malgré les coups pendables qu'il a fait et continue de faire, il est l'objet de beaucoup d'estime de la part des groupes associatifs, lignagers ou géographiques qui peuvent le revendiquer, car il est un excellent danseur (des masques en particulier) dont les prestations attirent à ses parents, alliés, ou concitoyens un prestige que nul Bwaba ne peut négliger. C'est une vedette, malgré les ennuis qu'ils attire à tous (vente des pagnes et plats de sa mère, disparition d'une grosse part de l'argent de son épouse – qui était le capital commun aux femmes de son lignage maternel –, de la charrue d'un ami, du vélo de son oncle…) Il est souvent fouetté pour ses frasques, mais réhabilité pour ses talents sociaux.

Conclusion

Le lecteur aura remarqué que cette étude est fondée sur l'analyse du système tel qu'il est décrit par nos informateurs. Ce système fonctionne encore mais il rend mal compte de la réalité qui émerge : je n'ai pas pu étudier les pratiques d'exploitation des terres et de leur mise en rotation - culture/jachère – telles qu'elles sont actuellement mise en œuvre année après année par les paysans de Mamou.

Tout m'incite à croire que l'auréole des terres entourant le village est plus intensément exploitée que les terres éloignées. En fait, les terres proches sont mises en repos de courte durée, durant 5-6 ans pendant lesquels on les « prête » aux épouses pour y cultiver les herbes-sauce (Traoré & Fourgeau 2006) Mon sentiment est qu'autrefois les terres éloignées étaient exploitées par plusieurs chefs de famille les mêmes années. En effet, la brousse était peu sûre et il fallait protéger les cultures contre les prédateurs (les éléphants ont fait une incursion sur les terres cultivées en janvier 1999 et ont détruit de grands espaces de manguiers récemment plantés, et cela parce que personne n'était là pour effrayer les pachydermes), et soi-même aussi, on n'allait pas trop cultiver tout seul…

Aujourd'hui, ces terres parfaitement régénérées, demandent beaucoup de travail pour leur défriche et cela pour des cultures limitées à du maïs et du sorgho, d'un faible rapport pécuniaire. Par ailleurs, la famille est omniprésente qui freine tout enrichissement personnel et toute innovation. Les paysans dynamiques préfèrent s'exiler jusqu'en Côte d'Ivoire et au Ghana quand ils ne trouvent pas au Burkina même, afin de capitaliser les fruits de leur travail agricole.

En conclusion on peut dire que la jachère n'est pas douée d'une identité propre. Ce qui fait sens est l'abandon physique de l'homme et le fait qu'elle soit appropriée. C'est d'ailleurs le sens de *waa*, qui connote à l'abandon. Le *waaké* est donc à la fois les champs de l'année qui sont délaissés, ceux mis en jachère immédiate (un an ou deux avant) et qui iront, en se peuplant d'herbes et d'arbustes au statut de *waari*. Mais le *waari*, lui aussi, contient la notion de propriété, fondamentale en ce qui concerne la jachère chez les Bwaba. Notons aussi que l'équivalent du terme « brousse » n'existe pas, ou plutôt il serait rendu par plusieurs noms en bwamu. Par contre, le terme le plus utilisé est celui d'herbe, *nyi* (=herbe, herbacée), qui est plus un concept qu'un terme strictement descriptif : il est synonyme de brousse, de territoire, de non-ville. La ville s'oppose à l'herbe ainsi que le prouvent bien les imprécations, qui se font « par la terre » ou « par l'herbe ».

En termes d'action, on peut dire que la jachère occupe une place bien à elle dans l'univers mental bwamu. C'est un lieu de non-travail, ce qui pose le problème de la mise en usage de ces terres. Par ailleurs nous avons la dévalorisation des cultures autres que celles qui apportent directement ou indirectement, du grain, et autres activités connexes, classées ludiques ou superfétatoires, la « sauce » n'est pas nécessaire au *tô*. C'est, enfin, un lieu temporaire ; au fond, ce n'est pas si naturel que cela pour l'homme de s'y rendre. Croire cependant que les Bwaba vont rester figés sur ces attitudes serait méconnaître les grands changements qui les bouleversent depuis plusieurs décennies et leurs capacités d'adaptation : ils sont passés du petit mil aux maïs et sorgho, ont adopté le coton, ont changé en vingt ans les plans de leurs villages, font face aux bouleversements de leur milieu écologique… reste que tenir compte des freins ne sera pas inutile pour l'action en vue d'accompagner les changements entraînés par l'accélération de la rotation des terres et le raccourcissement du cycle des jachères, sensibles en pays bwaba comme ailleurs.

Références

Capron, J., 1973, *Communautés villageoises bwa, Mali - Haute-Volta.* Institut d'ethnologie, Musée de l'Homme, Paris : 371p.

Barreteau, D., et Diarra L., 1998, *Liste lexicale de 1000 mots*, projet d'atlas linguistique du Burkina Faso, CNRST-ORSTOM (IRD), documents d'enquête (questionnaire), document d'enquête sur le bwamu : 92 p.

Traoré Saratta et Fourgeau Catherine, 2006, *Les petites jachères des femmes (Sud-Ouest du Burkina Faso),* Coll. "Terrain : récits et fictions", L'Harmattan

Nazi Boni, 1962, *Le crépuscule des temps anciens*, Ouagadougou

Notes sur les problèmes de transcription

Pour faciliter la lecture, nous avons adopté l'alphabet latin dans la graphie française.

Mais en tant que linguiste, nous sommes attaché à l'écriture des expressions dans la langue qui les fournit.

C'est pour cela que nous présentons ici l'orthographe en langue nouna de certains anthroponymes et citonymes à commencer par l'ethnonyme nouna :

Nouna : nʋna

Azelassan	Azəlasaa
Caoudie	Cɔdie
Comouliassan	Comulɩasan
Danwou	Dawʋ
Danwouliassan	Dawʋlɩasan
Eliuliassan	Eliulɩasan
Iloliassan	Ilolɩasan
Koalè	Kɔalɛ
Koalèliassan	Kɔalɛlɩasan
Menakoe	Mənakoe
Nebieliassan	Nebielɩasan
Neteleliassan	Nətelelɩasan
Nouna	Nʋna
Nouni	Nʋnɩ
Suou	Suu
Suouliassan	Suulɩasan
Tekoyan	Təkɔya
Tiodié	Cɔdie
Vure	Vurə
Wouyeliassan	Wuyelɩasan
Zaou	Zɔʋ
Zaouliassan	Zɔʋlɩasan

Chapitre 8

La jachère chez les Nouna au Burkina Terres, savoirs & migrations Cycles d'exploitation & gestion des revenus

Anselme Yaro[28]

La présente étude tente de rendre compte de la jachère dans la communauté nouna du village de Tiodié, au Centre-Ouest du Burkina Faso. Pour cela, elle analyse les cycles d'exploitation et l'accès à la terre et les confrontations des sexes. Nous avons abouti à trois principales conclusions. D'une part, la technique traditionnelle de la jachère relève d'un cycle complet à deux étapes. Mais elle risque de ne plus tenir par le seul support des savoirs endogènes et est menacée par la croissance démographique. De l'autre, le droit des allochtones d'ethnie peule ou mossi à la propriété foncière demeure un sujet à discussion. Enfin, les conflits entre les femmes et les hommes nouna existent essentiellement dans la gestion des revenus.

Notre objectif est de décrire le phénomène de la jachère chez les Nouna au Burkina Faso. Nous sommes donc parti de la problématique suivante : comment se présentent les pratiques culturales chez les Nouna ? Comment la jachère est vécue dans la communauté ? Quel est le système de gestion de la terre ? Quels sont les points conflictuels dans les rapports entre les sexes ?

[28] Dr en Linguistique, Université de Ouagadougou & Institut de recherche pour le développement de Ouagadougou : anselmeyar@yahoo.fr & anselme.yaro@tintua.org

Nous avons mené des enquêtes dans le village de Tiodié en septembre 2003, mois de menakoe dans la localité. Nous avons utilisé un guide d'entretien, administré à des responsables coutumiers dont le chef de terre et des chefs de quartier, à des femmes âgées ou jeunes et à des jeunes adultes. Cette étude se veut qualitative et ne prétend pas rendre toute la réalité des objets analysés.

Nous aborderons tout d'abord la situation du village, la délimitation de l'espace et l'historique des activités agricoles. Nous passerons ensuite à la classification des champs, à leur ouverture et aux interdits. Ces antécédents nous permettront de poursuivre avec la question de l'accès à la terre et de la rotation culturale avant de terminer par les confrontations des sexes.

Pour faciliter la lecture, tous les termes de la langue nouni[29] sont transcrits avec l'alphabet latin dans la graphie française tout en essayant de sauver au mieux la prononciation.

Le village de Tiodié

Origine

Dans la seconde moitié du 17ème siècle, à Tiyellé, village sis à une vingtaine de kilomètres au Sud de Sabou (bourgade située à 95 kilomètres à l'Ouest de Ouagadougou), deux frères, tous deux nantis de pouvoirs magiques, ont discuté du sexe dont sera l'enfant d'une femme en grossesse. L'aîné prétendait qu'elle accouchera d'un garçon, contrairement à son cadet qui pariait sur une fille. Mais au lieu de patienter et d'attendre l'accouchement, l'aîné, voulant prouver sur le champ qu'il avait raison, et donc qu'il était plus connaisseur ou plus sorcier, a éventré la femme. Et la vérité était là, l'humiliant devant toute

---

29 Le nouni est une langue à trois tons (haut, bas, moyen) de la famille dite Gur. Sa grammaire est rendue par plusieurs auteurs notamment : A. Biyen, 1984 ; D.B. Nébié, 1982 ; H. Nignan, 1984 ; Z. Yago, 1984 ; A. Yaro, 1997.

l'assistance : la femme devrait avoir une fille. Depuis lors, il ne cessa d'agresser et de provoquer son frère cadet. Celui-ci, résolu de ne jamais répondre aux défis, a fini par fuir le duel en quittant le village. Ce grand « voyant » était un chasseur qui se mit donc à parcourir la brousse jusqu'au jour où il découvrit un paysage étrange de par l'abondance du caou, une variété d'acacia poussant en touffe. Bien que cette plante rampante soit difficile à couper, audacieux, il décida d'en faire sa demeure. Quand il s'est agi de donner un nom à sa maison, il a dit à ses interlocuteurs « a za a caou a me a loa a die » (je-couper- caou-je-pour-construire-maison »), « a die ye caou die ». (ma-maison-est-caou-maison)», ce qui signifie en nouni ou en français, « ma maison est construite avec du caou» ou « ma maison est en caou ». C'est ainsi que caou die, devenu [cedie] (phonétique) suite à une apocope et à une assimilation régressive, est un village fondé par Nanboeloa[30]. Le citonyme caoudie est donc un descriptif métaphorique (le village est en caou ou bien est difficile à détruire comme l'est le caou) et un associatif (le village est créé dans un endroit abondant de caou)[31].

Création des quartiers

Au fil du temps, Nanboeloa eut quatre fils. L'aîné, Nebie, a créé le quartier Nebieliassan. Le cadet, Zaou est resté dans la concession de son père devenue Zaouliassan. Ce quartier a toujours été limité à une seule famille : un homme et

---

[30] Nous soupçonnons un dispositif linguistique de camouflage mis en œuvre depuis longtemps. Le terme nanboeloa (na n boe s↔ loa «donc-questionner-pour que-changer ») signifie en fait « Donc, pose des questions (sur l'origine du fondateur) et tu verras si cela te changera ». Cela participe de la construction du mythe, du mystère autour du fondateur de Tiodié.

[31] Cette double classification tient de la double étiologie du toponyme : « qualité intrinsèque du lieu » et « objet que l'on trouve dans le lieu ». Nous utilisons donc la classification de George C. Stewart (1975) mais avec un point de vue différent : les toponymes peuvent avoir plusieurs motivations.

ses femmes32. Le chef du village est issu de ce plus vieux quartier. Le frère né après Zaou est Comou, fondateur de Comouliassan. Enfin, le dernier né des fils, Wouye, a créé le quartier Wouyeliassan. Mais cette concession a par la suite pris le nom de Neteleliassan ou de Iloliassan pour pouvoir la distinguer des ses extensions. En effet, le fils aîné de Wouye, Koalè a construit Koalèliassan. Danwou, premier fils de Koalè, a imité son père en construisant Danwouliassan. Suouliassan, dernière concession des descendants de Nanboeloa, est l'œuvre de Suou, fils aîné ayant eu le même comportement que son père Danwou. Ainsi, le nom Wouyeliassan désigne la maison de Wouye et celles de sa descendance.

Mais pendant que lesdites concessions émergeaient, des gens venus d'ailleurs s'installaient à Cedie. C'est ainsi que des Eliu, chasseurs venus du village de Bandéo ont créé Eliuliassan. Leur chef a épousé Azelassan Az↔lasaa, « belle femme comme les masques du village » ayant quitté Tiyellé pour rejoindre son frère Nanboeloa. Ensuite, des Yara, forgerons venus de Wele (vers l'actuel Boromo) ont d'abord été hébergés par Zaou avant de construire leur propre demeure, soit Yarasan. Des Tekoyan ou médiateurs sociaux ont quitté le village de Vure (actuel Godin) et ont donné jour au quartier Tekoyanliassan[33].

Beaucoup plus récemment, des Peul et des Mossi, venus respectivement de la région de Dori et de Yako, ont créé, dans le même ordre, Foelisan vers 1920 et Goaliasan vers 1965. On est à la quatrième génération chez les Peul (les immigrés étant la première) et à la deuxième chez les Mossi.

---

[32] Un principe dans cette concession veut qu'il n'y ait jamais deux hommes. C'est pour cela que le père, chef de village, meurt toujours quand son fils devient adulte.

[33] Ils ont épousé (certainement l'un d'entre eux) une fille des Iloliassan. Mais ayant le même nom de famille ido que leurs beaux-frères, ils ont dû prendre celui de nuou (pour éviter la situation d'inceste ?).

De nos jours, Tiodié compte 1224 habitants (INSD, 2000) et est situé à 135 kms à l'Ouest de Ouagadougou.

Le territoire

Du côté sud, le territoire de Tiodié s'arrête à un sounou (cet grand tamarinier symbolique est tombé il y a une dizaine d'années)[34] au-delà duquel on est sur la terre du village de Zawara. À l'est, les limites d'avec les villages de Nébé et de Sazounon sont respectivement l'espace granitique apetei et l'arbre koru. Quant à la limite d'avec le village de Tali, elle n'est pas précise, mais un bas-fond sert d'approximation. Avec Naponé, la frontière est matérialisée au nord-est par un pèlè (colline) ou un sounou, le sounou ayant poussé sur la colline. Au nord, le mekoa (un marigot) marque les limites territoriales de Tiodié d'avec Élinga. Le village de Irrédié, également situé au nord, n'a pas de frontière d'avec Tiodié, mais son origine l'explique : Irrédié a été fondé par un homme issu du quartier suouliassan[35]. Au nord-ouest, le village s'arrête à un sounè (variété de sounou) respectant ainsi l'étendue du village de Évidié.

Organisation/conceptualisation de l'espace

Dans le passé, de sa chambre aux frontières du village, le Nouna traversait les espaces ci-après :

Depene « maison-coucher » (chambre à coucher) → *Koatudie* « derrière-maison » (salon) → *dewe* « maison-ouverte » (cour) → *kèrèyaa* « dehors-devant » (devant la cour) → *edue* (« champ de case ») →*gooutu* « brousse-vers » (environnements

[34] Le tamarinier est assez souvent évoqué dans des événements historiques ou des récits magiques.

[35] Nous pensons que l'imprécision sur la frontière entre Tali et Tiodié doit également s'expliquer par l'histoire. Déjà, nous savons que Tali est bien plus ancien que Tiodié et que les relations de masques entre les deux communautés sont très profondes.

de la brousse) → *goou* (brousse, tous les espaces en dehors de la cité) → *caoudie*-goou-soan « *codie*-brousse-limite » (frontière du village). Globalement, cela impliquait quatre espaces, soit : *caoudiessan* → *gooutu* → *goou* → *caoudie-goou-soan*.

Dans le sens inverse, il faut simplement inverser l'ordre, qui est donc réflexif.

Caoudiessan ou la cité, la ville : Traditionnellement, cet espace regroupait les habitats et les champs de case. Mais aujourd'hui, la cité s'étend de la « racine »/« cœur » du village (l'ancienne cité aux constructions anciennes et concentrées qui s'interpénètrent) aux dernières concessions, plus récentes, construites après les champs de case, isolées les unes des autres, excentriques[36]. Ainsi, l'habitat est sorti des limites d'antan, a envahi l'ancien gooutu « espace-tampon » comme Bernard Lacombe (chapitre plus haut) l'a appelé chez les Bwaba au Burkina Faso, et se développe davantage en direction de l'axe routier Ouaga-Bobo à 2 kms du centre du village. Actuellement, trois maisons « regardent » cette voie bitumée, « 24 heures sur 24 »[37].

Avec cette évolution, des concepts (Caoudiessan, gooutu) sont devenus ambigus ou polysémiques, ce qui répercute sur l'organisation de l'espace.

Historique de l'activité agricole

L'agriculture a commencé par les edui, champs auréolant le village à l'époque. On ne cultivait pas plus loin

[36] De plus en plus, les jeunes construisent leurs maisons en ne respectant plus forcément le territoire de leur quartier d'origine ou les limites habituelles de la cité. Ces constructions hors norme ne plaisent pas aux vieux, mais ceux-ci restent tolérants.

[37] Nous empruntons l'expression à un jeune du village, formulée lorsqu'il tentait de nous expliquer les avantages à construire près de la route.

parce que ces espaces suffisaient à nourrir tout le monde et à cause des bêtes sauvages. Au demeurant, la limitation de la cité par rapport à la brousse dans la conceptualisation de l'espace rappelle que les habitants ont été terrorisés aussi bien par les bêtes sauvages (lions, panthères, éléphants...) que par les mystères de leur environnement (génies ou neciri, wen-negere ou monstres...). Au départ, on cultivait du maïs et du sorgho rouge dans ces premiers champs. Aujourd'hui, il faut ajouter le tabac. Il n'y a pas d'interdits culturaux dans les edui et on peut y semer ce que l'on veut. Au fil du temps, l'activité agricole s'est déportée dans le gooutu, puis dans le goou, ensuite au-delà des limites du village. Des gens de Tiodié cultivent sur les terres de leurs voisins et, réciproquement, certains font la même chose sur les terres de Tiodié.

Entrée des femmes dans la production agricole

Avant, aucune nécessité n'entraînait les femmes nouna à cultiver, notamment les céréales : il y avait à manger. Leurs activités agricoles se limitaient essentiellement à de petites productions d'arachides, de haricot, de petits pois et d'oseille... après avoir aidé les hommes à semer. Elles faisaient de la « production de complaisance ». En fait, c'était l'homme qui cultivait et nourrissait la famille. Telle était la rigoureuse division du travail. Mais des bouleversements sont survenus au cours du temps, notamment dans les années 1970. La baisse des productions agricoles (l'homme seul ne pouvait plus subvenir aux besoins alimentaires de la famille) et l'apparition de besoins nouveaux ont été les facteurs du changement. Les femmes nouna (de la région) sont donc entrées en agriculture[38]. De nos

[38] Comme nous l'avons déjà dit (1999), les actions en cours pour "l'émancipation de la femme" ne sont pas à l'origine de l'entrée des femmes dans la production agricole chez les Nouna. Bien entendu, elles favorisent leur travail.

jours, on ne peut reconnaître un champ de femme ni par les semences (sauf le coton qu'elles cultivent très peu), ni par la superficie, ni par le type de sol (ci-dessous). Il ne reste que l'indicateur de la distance, les champs les plus éloignés étant ceux des hommes. Cette progression se manifeste par le passage des champs laissés en jachère à des nouveaux champs : elles ont défriché des terres vierges. Ces nouveaux champs qui datent d'une dizaine d'années n'ont pas encore bénéficié de repos. Les mises en jachère ont donc toujours été le fait des hommes, mais avec la dégradation des sols, il faut s'attendre aux « jachères des femmes ». Malgré cet assaut sur la terre, elles continuent d'encourager leurs maris comme par le passé en visitant leurs champs sans être y guère forcées[39]. Elles essaient de toujours rester fidèles à leur rôle traditionnel.

L'entrée des femmes en agriculture, volonté sous contraintes aussi bien économiques que familiales (la compétition entre coépouses s'est étendue au domaine agricole) et l'éclatement de la « grande famille » traditionnelle en petites cellules familiales (Yaro 1999) ont des sources communes.

Classification des champs

La classification des champs s'appuie sur le fait que tout espace vierge au plan de l'activité agricole est un champ potentiel : tous les espaces vierges font partie des territoires des quartiers. Voyons d'abord les noms des champs[40] :

• *tege* « terre-non mûre » (tegei) : Espace jamais défriché , friche ;

• *cetio* « défriche-arbre » (ceten) : Tege à défricher (on y a donc coupé quelques arbres) ;

---

[39] Si une femme offre une daba à son mari (après l'avoir achetée), ce geste signifie que « elle cultive dans le champ du mari ».

[40] Les formes plurielles sont mises entre parenthèses.

• *kapure* « champ-recouvrir » (*kapuri*) : Défriche ;

• *cèè* (*cèi*) : Défriche. « *n cèè* » (défricher), « n de cèè » (créer-défriche)[41] ou « n gome ceten » (couper-défriche-arbres) : défricher, créer un nouveau champ. L'action de défricher est le cèyou. Le terme désigne également le nouveau champ à la première saison d'exploitation (la saison qui suit le défrichage ou qui précède l'année zéro) où le travail est plus pénible avec un rendement médiocre ou intéressant ;

• *larou* (*lare*) : Nom du nouveau champ à la deuxième saison d'exploitation. Le travail est moins pénible, la terre est meuble et le rendement intéressant. Après, le larou devient un tia depuis la troisième année où les récoltes sont très bonnes : « si la pluviométrie est au rendez-vous du paysan »[42].

• *edue* (*edui*) : Ce terme provient de l'expression « boari be ye due » (endroits-ils-que-semer) qui signifie « les espaces que les ancêtres ont cultivés ». L'edue est le champ des ancêtres, un champ traditionnel. Premiers *kèri*, anciens champs de quartiers (clans), les edui sont devenus des « champs de case » (bien que l'expression soit inapproprié chez les Nouna) près des maisons et qui ne sont pas en brousse. D'où le fait qu'ils ne sont pas des goou. Ils semblent véhiculer le sens secondaire de faux champs puisqu'ils ne sont pas des *kèri* ou des *tii*. Depuis le passé, les edui ont toujours été les déversoirs (pele) du village et les cimetières pour les personnes dont la mort est classée dans la série des *catebi*, série de la mort voulue par les dieux (fétiches) pour crime et des suicides, qui s'étend aujourd'hui à la mort par accident (de route…) ;

• *Kèrè* (*kèri*) : À l'origine, champ du quartier ou du chef de quartier (le doyen de la lignée), devenu champ du chef de la

---

[41] Il ne s'agit pas du même mot, la différence tonale étant pertinente.
[42] Clin d'œil à Bernard Lacombe qui a conduit des recherches sur la jachère au Burkina Faso.

grande famille (qui regroupe les petites cellules familiales) ou de la famille (petite cellule familiale ayant conquis son « indépendance »). Enfin, champ « central » qui nourrit la famille (quelle qu'elle soit), le concept désigne tout espace en exploitation dans le présent, hormis les edui. Même si ce sont les champs des femmes qui nourrissent le plus les familles (gestion des revenus, *infra*), un champ de femme n'est jamais appelé kèrè, véritable champ. Il demeure un *s↔tia* ou un *selaa.* Une connotation se colle au terme : un kèrè appartient à un homme, l'histoire ayant imposé une logique. C'est pour cela que nous restons pessimistes quant aux "jachères des femmes", appellation très peu probable. Un terme approprié serait "subtilement" mis sur le marché de la communication par les hommes pour sauvegarder les différences des genres dans la confrontation des sexes, exactement comme ce qui a été pour les champs des femmes ;

• *selaa* « arachides-portion de terre » (*selaì*) : Champ d'arachides de femmes (jadis, « champs d'amusement »), mais devenu champ d'arachides (les hommes cultivant plus l'arachide qu'auparavant). C'est aussi tout champ (d'une femme, d'un jeune garçon, de la petite cellule familiale [au cas où la grande famille n'est pas disloquée et travaille dans un champ collectif]) d'arachides, de sorgho, de haricot… Enfin, c'est un champ marginal ;

• *setia* « arachides-champ » (setii): Champ (selaa) d'une femme ;

• *caa* (*cèì*) : Champ (selaa) du jeune garçon (non marié) ;

• *abanou* (*abane*) : tout champ abandonné (pour mauvaise productivité ou non) sans décision sur son usage ultérieur ou tout champ abandonné (pour mauvaise productivité) et mis en « rajeunissement ». L'abanou est la jachère ;

• *tia* (*tii*) : Tout champ en exploitation, excepté les edui ;

• *goou* (uniquement au singulier) : Champ en général (y compris les friches et les champs-jachères). Terme générique, mais ne désigne pas les edui.

Logique de dénomination

Dimension temporelle : temps d'exploitation par rapport au présent	Dimension spatiale	Dimension sociale : le propriétaire
• Champs cultivés : *tia* + *edui* ; Avec deux distinctions internes : • Champ seulement cultivé depuis les deux saisons qui suivent le défrichage : *larou* • Champ cultivé depuis la saison qui suit le défrichage : *cèè*	• Dans la cité : *edui*	• Homme : *kèrè*
• Champs mis en jachère : *abanou*	• Dans la brousse : *goou*, *tia*	• Femme : s↔*tu*
• Champs « abandonnés » : *abanou*		• Jeune garçon (sans épouse) : *caa*
• Défriche : cèè, *kapure*		
• Terre à défricher : *cetio*		
• Friche : *tege*		

La logique nouna de dénomination des champs procède par les dimensions temporelle (6 types de champs), spatiale (2 types) et sociale (2 également). Mais un champ n'est vraiment pas abandonné. Il demeure toujours dans le territoire du quartier en tant que propriété de celui qui l'a ouvert ou propriété collective (de la grande famille ou du quartier). La catégorie de « champ abandonné » est donc fausse. La taxinomie des espaces cultivés essaie de s'adapter à la dynamique sociale et économique en cours (dans l'organisation familiale et l'agriculture) (A. Yaro, 1999) par le phénomène d'extension de sens, d'où les noms de champs ambigus (*kèrè, selaa, abanou, tia, goou*).

Le cycle complet de l'exploitation de la terre est le suivant : *gouo* ou *tege* → *cèè* ou *Kapure* → *tia* → *abanou* → *goou*. On a affaire à un cycle de deux étapes. L'étape d'exploitation distingue les différentes rentabilités du champ (*cèè, larou, kèrè*) et non pas un cycle de cultures *(cf. ouverture des champs)*. L'étape de mise en jachère ne distingue pas les différents états que prend l'abanou dans le processus de rajeunissement, ne les nomme pas. Du fait des contraintes (*cf. rotation culturale*), l'« abandon » ramène le champ à l'état de goou (brousse) mais pas comme par le passé. Avant, le kèrè du quartier puis de la grande famille redevenaient bien touffus, des forêts. Ils retrouvaient leur état initial. Le cycle complet est donc descriptible comme un cercle à deux « moitiés », mais reste différent du cycle chez les Bobo (Fourgeau & Lacombe, *in JAT* 2006) dans ses contenus.

Champ lexical de la jachère

La jachère, concept technique, religieux et physique, est aussi une entité linguistique au service de la communication. Nos interlocuteurs ont énuméré les expressions suivantes[43] :

- *Liu foe n de abanou nè* : une personne incapable de réfléchir ; une personne bête, idiote ; une personne incapable de travailler ; une personne sans savoirs, ignorante ; personne inutile à la société.
- Femme *abanou* : femme dont les enfants ne sont pas des garçons valables.

[43] Un séjour plus prolongé nous aurait certainement permis de collecter des usages individuels dans les boutades/ironies, les styles langagiers…

Ouverture des champs

Lorsqu'un Nouna veut ouvrir un tege (espace vierge en activité agricole) pour en faire un kèrè, il peut commencer par abattre un ou quelques arbres pour en marquer l'occupation. Ensuite, il informe le chef de son quartier : informer le propriétaire (chef) de la terre ne rentre pas dans le protocole. Après quoi, il se soumet à la démarche consacrée. Il donne d'abord un poulet (coq ou poule) en offrande à la brousse (en tant que fétiche, esprit ou dieu) pour permission, protection de la famille (lorsque celle-ci travaillera dans le champ) et fertilité du sol, ensuite un poulet au vademè (fétiche de l'agriculture) pour la fertilité du sol, enfin un autre aux ancêtres pour la fertilité et la protection. Le sacrifice à la brousse se déroule dans le futur nouveau champ (cetio), celui au fétiche de l'agriculture se faisant dans la famille où se trouve le vademè. Les deux cérémonies se tiennent en présence des responsables du quartier. En revanche, celui aux ancêtres est fait uniquement par la famille du propriétaire dans le cetio. Le poulet s'égorge sous l'arbre où le demandeur compte accrocher son coe (ensemble de composition inconnue parce que gardée secret), symbole de tout son être. C'est sous cet arbre que la famille déposera chaque matin le matériel de travail, la nourriture, les ustensiles de cuisine... et se reposera. Tous les jours sont bons pour ces sacrifices.

Mais si il s'agit d'un *selaa*, il n'a ni sacrifices propitiatoires à faire ni obligation d'information à respecter. Cela dit qu'une femme (autochtone), en créant un nouveau champ, n'en est pas concernée d'autant plus qu'elle n'a jamais de *kèrè* (voir *supra*). Au demeurant, les sacrifices agricoles déjà faits par l'époux sont valables pour les activités agricoles des femmes : le champ de l'homme (*kèrè*) est toujours antérieur à celui de la femme.

Seules les premières générations d'immigrés ont suivi le protocole sacrificatoire (on comprendra pourquoi ultérieurement).

Les femmes mossi ne peuvent exploiter que les terres que leur octroient leurs maris à leur tour. Quant aux femmes peules, elles ne cultivent pas (pour le moment), fait à mettre au compte des traditions de l'ethnie.

Les meilleurs moments d'une défriche se situent pendant la période pluvieuse en septembre-octobre, moment où la végétation est abondante. On désherbe, on dessouche l'herbe pérenne, on coupe les arbres et les arbustes. On recouvre ensuite les troncs des arbres abattus des branchages et de l'herbe. Les pluies qui tombent permettront une bonne décomposition de l'ensemble et l'humification sera bonne. Quand le tout sera au sec après l'hivernage, on brûle. En défrichant, les arbres conservés sont généralement le karité, le néré et le tamarinier, pour leur utilité. Sous contrainte, le défrichage peut se faire en saison sèche : ce sera toujours un cèè ou kapure. Mais il ne s'agit pas là d'une vraie et bonne défriche et le commanditaire sait qu'il lui faudra travailler dur à la première exploitation pour espérer de pas trop maigres récoltes. Il n'y a pas d'obligation de semer une espèce précise en premier lieu. On choisit la première semence en fonction de l'idée qu'on se fait de la nature du sol dans la logique de la rentabilité.

Toute personne qui réouvre son champ laissé en jachère fait des sacrifices si elle les trouve nécessaires. Toutefois, il ne s'agit pas des mêmes sacrifices qu'au départ, même si on s'adresse généralement aux mêmes protecteurs. Un Nouna qui ouvre la jachère d'autrui ne fait aucun sacrifice puisqu'il n'exploite que le champ. À l'opposé, un Peul ou un Mossi qui réouvre une jachère ne lui appartenant pas se comporte comme s'il s'agissait d'une terre vierge[44].

---

[44] Tous musulmans, les Peul font faire les sacrifices en leur absence. Les Nouna sont par contre tous « animistes » et rarement chrétiens. Les Mossi, majoritairement « animistes » avec quelques musulmans et chrétiens. Il y a

Interdits ou *cule*

Les interdits sont de connotation organisationnelle ou morale. Ce sont des instructions pratiques pour les besoins d'une cause ou des mesures visant à protéger les membres de la communauté. Ils s'appliquent à tous les habitants des trois groupes ethniques du village.

En brousse

On ne doit pas avoir de relations sexuelles avec une femme quelle qu'elle soit. La seule possibilité offerte reste cependant le *vuu* (hutte construite dans le champ) quand il s'agit de deux époux. Comment la faute est-elle « lavée » ? La cérémonie se déroule le jour (on met ainsi les coupables bien en vue). Lorsque tout le village convié est en place, on dit la faute et on hue les coupables qui s'enfuient en brousse pour se rendre à un endroit déjà indiqué. Là-bas, chacun sacrifie une chèvre à la brousse et paie une amende de 15 000 cauris.

Dans un champ

Il est interdit de faire quoi que ce soit dans le champ d'autrui à son insu. Une personne ne doit pas puiser dans les récoltes de l'autre au champ. Mais la consommation sur place (arachides pour exemple) est autorisée en présence du propriétaire . On peut même en emporter avec son aval. Lorsqu'un vol est constaté, parce que le fautif a avoué de lui-même ou parce que quelqu'un l'a su, le voleur est mis à l'amende. Le *boen* comprend invariablement 15 000 cauris[45]. Aux cauris s'ajoute, en fonction du délit, soit un poulet, soit une chèvre, soit encore un mouton[46]. Dans le cas contraire, le voleur

---

cumul de religions chez les Nouna et les Mossi.

45 Les cauris se faisant de plus en plus rares, un équivalent est parfois proposé.

46 Mais l'animal ou la volaille ne fait pas vraiment partie de l'amende : on le donne aux ancêtres ou à la divinité concernée pour demander le pardon.

sera mordu par un serpent[47], sera mortellement blessé par sa propre hache en coupant du bois en brousse ou par une branche d'un arbre. Bref, un accident grave ou banal : ce n'est pas l'infraction qui tue mais la Brousse.

Ce sont les *vun* (huttes) que l'on construit dans les champs. Mais si quelqu'un y construisait une maison comme celle au village, cela ne constituerait pas une « cassure d'interdit », comme les Nouna le disent. Mais cette maison devrait être tout de même différente en certains points : elle ne devrait pas montrer la totale impression qu'on est au village. Il peut l'utiliser comme une maison au village y compris les *plaisirs de la natte.*

En cueillette

Le gombo et l'oseille sont les seules sauces cultivées qu'une femme ne peut cueillir sans autorisation que dans le champ de son conjoint : ce n'est point pour leur rareté. Elles jouissent d'une liberté pour le reste, mais limitée aux champs des hommes : les champs des femmes en sont exclus pour éviter les bagarres entre elles. La violation d'un interdit n'est pas sanctionnée, n'est pas à laver. La cueillette s'étend aux feuilles/graines d'herbes-sauces (14 espèces inventoriées par nos interlocuteurs), aux feuilles, fleurs, gousses, graines d'arbustes-sauces (6 espèces) ainsi qu'aux feuilles, gousses, fleurs, graines d'arbres (7 variétés).

Dans les espaces sacrés

Nous donnons ici l'inventaire exhaustif des toponymes.

---

47 Le serpent est dans ce cas la brousse métamorphosée.

Lieux sacrés (tous se partagent les interdits de construction et de feu)
Se-boara (« masque-lieu ») : Espace des masques. Interdit d'y couper ou ramassez du bois.
Wantou-se-boara (« wantou-masque-lieu ») : Lieu du wantou (masque sanglier). Interdit de s'en approcher.
Tebecèya (terre-ne-défricher) : chemin des dieux du villages (précisément du pio et du demè). Interdit de toute activité agricole.
Veboara (« vourou-lieu ») : Espace des voura. Interdit de toute activité, on ne peut que passer, traverser.
Pio (« granite ») : Lieu du pio, dieu qui protège contre les envahisseurs. Interdit de s'en approcher.
Penoou (« granite-mère ») : Lieu du grand pio, dieu qui protège contre les envahisseurs. Interdit de s'en approcher.
Demè (« détester, ne pas aimer ») : Lieu du demè, dieu de l'humanisme. Interdit d'y couper ou ramassez du bois.
Lieux non ordinaires
Ele-vuu-pio (« singes-huttes-granite ») : Espace granitique où les singes venaient s'abreuver. Pour les surprendre, il fallait se cacher dans des vun (pluriel de vuu).
Ikolu-bure (« crâne-puits ») : Puits où des hyènes ont jeté le crâne d'un homme après l'avoir dévoré.

Ce sont des noms propres de lieux sacrés ou non ordinaires et les interdits y afférents.

Les interdits « impardonnables » sont les interdits « sacrés » (dont le viol qui n'engendre pas de cérémonies de pardon) et d'autres. Un acte sexuel dans un domaine sacré ou un inceste en brousse reste une violation d'interdit en réalité impardonnable, même si elle n'est pas exclue des procédures de réparation : « le fautif finira par mourir de son crime ». Il n'y a pas d'interdits spécifiques à la jachère.

L'accès à la terre

Nous partirons du partage du pouvoir aux droits fonciers et analyserons le partage du pouvoir et/prestige : origine des chefs de terre

Le pouvoir à Tiodié est représenté en premier lieu par la terre, précisément le fétiche de la terre ou tia. Ensuite par le *soou*, pouvoir du masque. Deux ordres de pouvoir ferment la liste : le vourou (l'une des sociétés les plus secrètes chez les Nouna)[48] et le *yaali* ou forge.

Après l'ancêtre Nanboeloa, nonobstant sa position de deuxième fils, Zaou a succédé à son père et gérait la terre et le masque. Après l'époque de Zaou, ces pouvoirs étaient concentrés chez les aînés (les Nebie). Entre temps, au moment où le village s'agrandissait, le besoin de partager les forces entre les descendants du fondateur se fit sentir. C'est ainsi que la terre fut donnée aux Wouye du fait de l'héroïsme de leur ascendant, Zaou. Les Nebie ont par contre conservé le pouvoir du *soou*, jouissant ainsi du prestige du masque[49]. Dans le principe de la gestion (du pouvoir) de la terre, le chef de terre doit être un descendant de Wouye, donc un Wouye tout comme le chef de masque est toujours issu de la grange famille des Nebie. Il n'y a pas d'alternative possible, au risque de voir mourir ce pan culturel[50].

---

[48] Le vourou serait né à Tiodié : le vourou de Tiodié est considéré comme la société mère.

[49] Pendant les dix-huit jours que dure la « vie des masques au marigot » ou le soou-zoa-boou (« masque-entrer-marigot ») qui est l'occasion de l'initiation des enfants et des jeunes au suu (la société de masques), les Wouye remettent le fétiche de la terre aux Nebie qui détiennent ainsi les deux principaux pouvoirs durant ce laps de temps où ils deviennent les seuls maîtres du village (par procuration).

[50] C'est en effet le drame qui s'est produit dans certains villages (Évidié, Panon...) où les familles détentrices du pouvoir du masque ont été décimées pendant des événements malheureux de l'histoire : colonisation (la colonne

La question du partage ne s'est pas posée quant aux pouvoirs « secondaires ». Les Yara sont arrivés à Tiodié déjà forgerons et forger est un art qui n'est pas donné à n'importe qui : le yaali est une spécialité de famille. Et on devient un vourou par initiation programmée selon l'âge.

Droit d'exploitation, droit de propriété

Quelle est la cascade de la propriété entre le chef de terre et le tenancier de base ? Un tableau nous permet de synthétiser la gestion de la terre.

La terre est d'un seul tenant, l'aîné des Wouye, et est partitionnée en blocs ou *geyai* (« brousse-devant », signifiant « la brousse que l'on voit du quartier et toute la brousse qui suit jusqu'à la frontière »), propriétés des clans (quartiers) nouna.

Auparavant, tous les membres du clan cultivaient dans le edue, ensuite dans l'ancien *kèrè* (champ collectif). De nos jours, chaque famille (grande famille ou famille) cultive son *kèrè*, situé dans le *geyaa* de son quartier. Le *edue*, premier *tia* et premier *kèrè* ayant vécu une ironie du sort (glissement sémantique) dans lequel il a été écarté de ces appellations, demeure un champ collectif comme par le passé (il appartient toujours à tout le quartier), mais avec des subdivisons internes par grandes familles, nées certainement au moment où celles-ci prenaient de l'importance dans le quartier. Donc, probablement à la période où l'ancien kèrè (en brousse) faisait place au *kèrè* de la grande famille. Le champ de la grande famille est également un champ collectif, mais la grande famille est en voie de disparition (Yaro, 2000).

Voulet et Chanoine, A.-M. Duperray 1978), guerre avec les Djerma (Zarma)...

Statut		Droits de propriété	Droit d'exploitation
Autochtones	Descendants du fondateur	Oui	Oui
	Nouna venus d'ailleurs	Oui	Oui
	Femme nouna	Oui	Oui
Allochtones	Peul	Relatif	Oui
	Femme peule	Non concernée	Non concernée
	Mossi	Relatif	Oui
	Femme mossi	Non	Oui

Les autochtones ont tous le droit (*inné*) de propriété foncière. Tout champ d'un (e) Nouna leur appartient.

Après l'individu, le champ appartient à la famille, ensuite à la grande famille dont le patrimoine rentre à son tour dans le patrimoine du quartier ou geyaa. Les fonds des quartiers (plus ceux des Peul et des Mossi) constituent le pot commun du village.

La première génération des Peul a défriché des terres vierges comme des champs « abandonnés » dans des territoires de quartiers. Leurs descendants, qui n'ont pas cherché à ouvrir des tegei (il y en avait pour les deux générations qui ont suivi mais elles ne s'y sont pas investies), les cultivent aujourd'hui. La première génération des Mossi fit la même chose que celle des Peul. La seconde génération, tout en occupant les champs des pères, a cherché à faire de nouveaux champs, mais en vain. La brousse jamais cultivée (selon la mémoire collective) se raréfiant, les autochtones n'ont pas accepté le fait : ils ont plutôt concédé des champs « abandonnés » ou en jachère. Au sortir, les Peul et les Mossi n'ont pas de geyai. Néanmoins les Nouna considèrent qu'ils ont leurs territoires, mais à l'intérieur des territoires des quartiers de ceux qui leur ont donné des espaces à cultiver (tous les quartiers donc). Les allochtones ont-ils un droit de propriété foncière ?

En se fiant aux dires des autochtones, le droit de propriété est d'autant réel pour les Mossi et les Peul qu'*il ne sera jamais question de reprendre un champ à un Peul ou à un Mossi* (par rapport à la simple question de droit). Leurs déclarations ressortent une condition d'expropriation temporaire commune à tous, soit quand l'individu est chassé du territoire du village pour trois ans (hommes) ou quatre ans (femmes) suite à une faute criminelle. La soumission des immigrés aux protocoles sacrificatoires vient en appui, de même que la réalité de l'héritage foncier intra-familial d'un côté où de l'autre. En l'absence d'un Mossi ou d'un Peul, le champ revient systématiquement à sa famille ou à ces collatéraux. Mais si il n'y a personne, l'héritage ne s'étend pas à l'ethnie mais retourne plutôt dans le territoire du quartier donateur (si il s'agit d'un champ ouvert ou d'un *kèrè* de quartier « abandonné »), à la grande famille (*kèrè* "abandonné") ou à la famille (*kèrè* de famille ou *selaa* mis en jachère et cédé) : tout champ "abandonné" ou laissé en jachère peut être l'objet d'un don. La logique attendue (en regard des propos des Nouna sur le droit à la terre) n'est donc pas observée : les immigrés arrivent individuellement, accèdent ainsi à la terre et ne sont pas vus comme une seule communauté quant à la question foncière mais comme un ensemble de familles distinctes. Enfin, l'inexistence de contestations du "droit de propriété" d'un allochtone, de mémoire d'homme.

Les témoignages des allochtones vont dans le même sens. *Il est vrai que nous ne sommes pas des descendants du créateur du village, mais nous sommes pareils dans le village.* Sur la question précise « Est-ce que la terre que tu cultives t'appartient ? », la réponse chez les Peul est un "oui" accompagné d'une exclamation d'étonnement. Certains ont d'ailleurs cherché à comprendre les raisons d'une telle question, bien que l'intérêt de l'entretien ait été entendu. Chez les Mossi, les réponses sont un "oui" ou un "non", avec une légère domination du "oui". Plutôt que d'être uniquement motivé par la situation à Tiodié ou dans la région, le "non" obéit à un principe de société assez répandu en Afrique : l'appartenance à la communauté des autochtones détermine le droit à la propriété foncière.

Au plan de la gestion de la terre à l'égard des allochtones, on retient en substance une gestion procédant par une sorte de prudence, de dispositif de sécurité. Et le fait que les Mossi et les Peul n'aient pas de geyai ou de territoires de quartiers indépendants est déterminant. Pourtant les autochtones avancent que les terres travaillées par les allochtones leur appartiennent moins pour leur exploitation que pour la manière dont ils les considèrent : des fils du village, des Nouna. Le droit à la terre est naturel chez les Nouna. Il est de consanguinité et n'a aucun rapport avec l'exploitation de la terre. Comme il faut bien intégrer les immigrés dans la communauté et « légiférer » sur la gestion de la terre à leur égard, il semble que les Nouna de Tiodié tentent de le leur adapter en ne retenant plus l'exclusivité de la consanguinité, jamais remise en cause : avec la terre qui manque, est-ce encore une préoccupation ? Mais l'effort resterait à ce niveau. Les autres critères n'ont guère été coutumièrement définis et c'est là où réside le problème. Au sortir, le droit de l'allochtone à la propriété foncière, si il est autant effectif que les autochtones l'affirment, reste, malgré tout, relatif, limité. En tout cas, différent du droit d'un autochtone. Il doit être nuancé tout comme l'accès à la terre (exploitation et propriété).

La rotation culturale : vers un blocage ?

Dans le passé, "l'abandon" d'un champ découlait de l'accroissement de la population du quartier puis de la grande famille (besoin de champs plus grands), mais aussi de la conquête de l'espace. Les abane (anciens champs de quartier ou de la grande famille) étaient "abandonnés" pour de nouveaux champs collectifs pendant une soixantaine d'années ou davantage parce qu'il y avait encore suffisamment de brousse jamais défrichée ou que la terre était fertile. Actuellement, c'est la mauvaise rentabilité qui explique souvent le départ d'un champ.

L'alternance culture/jachère est une possibilité offerte aux autochtones (Nouna et leurs femmes) tout comme aux allochtones, mais dans une moindre mesure. Quand on quitte un champ, la destination chez les Nouna est bien moins le défrichage (presque plus donné) que la réouverture des champs fermés. Les allochtones quant à eux n'ont que le retour aux champs quittés (ceux de leur « territoire » ou d'ailleurs [les Mossi]). De ce fait, la réouverture des champs-jachères s'affiche comme la possibilité offerte à Tiodié.

Avec les contraintes contemporaines, soit l'appauvrissement du sol (l'érosion et l'inorganisation de la vente du bois), le manque de terre du fait de la croissance démographique, la limitation du nombre de champs et l'ouverture de plusieurs champs à la fois (surtout avec la culture du coton), le temps que prend la mise en jachère s'est bien raccourci à une dizaine d'années maximum. La rotation s'accélère progressivement, sauf chez les Peul où elle est de moindre rythme du fait de la bouse que leur offre gratuitement leurs bœufs : une jachère sert souvent de pâturage avant sa réouverture. Chez les Nouna, seuls les edui échappent à la mise en jachère : tout ce qui y est déversé devient du fumier pour le sol qui résiste ainsi à l'érosion. La grande famille a plusieurs champs, de même que la famille : héritage, dégradation des sols et, peut-être, accumulation de biens. Mais la grande famille pratique un cycle d'alternance culture/jachère de moindre rythme que la famille. Logique parce que la famille a hérité d'une portion de l'espace agricole de la grande famille qui s'est atomisée. Le cycle est légèrement plus raccourci chez les Mossi par rapport aux autres.

La situation fait craindre que dans les jours à venir, la réouverture des champs-jachères ne soit plus autant une solution à la dégradation des sols que le temps nécessaire au rajeunissement devient de plus en plus difficile à respecter, que l'érosion des sols est progressivement déterminante.

Types de sols

Cette typologie est celle de nos informateurs. Ils perçoivent plusieurs types de sols de fertilité relative.

- *dege* (-i) : sol caillouteux, non cultivable.
- *vorou* (-e) : bas-fond.
- *boudelou* : vorou moins marécageux (moins d'eau, moins de boue).
- *pedabou* : sol au bas des collines ou des montagnes.
- *afebo-tia* : sol sablonneux et arable. Type plus fréquent.

Les confrontations des sexes

Nous nous intéressons ici aux confrontations liées aux revenus chez les Nouna, les femmes n'ayant pratiquement pas, par rapport aux hommes, de problèmes d'accès à la terre comme on l'a dit plus haut.

Gestion révolue des revenus

Selon la tradition, l'homme était responsable unique de la totalité des dépenses : l'alimentation, l'école, la santé, les dépenses lmiées au respect des règles traditionnelles, l'habillement et toutes les taxes. A la femme, rien n'incombait. La situation aujourd'hui a bien changé.

Gestion actuelle des revenus.

La répartition actuelle a beaucoup changé comme le montre le tableau suivant :

Sexe	Alimentation	École	Tradition	Santé	Habits, chaussures	Taxes
Fem.	souvent	souvent	rarement	rarement	souvent	jamais
Hom.	parfois	rarement	souvent	souvent	rarement	uniquement

Ainsi, la gestion des revenus a donc beaucoup évolué, le catalyseur principal étant la détention de revenus par les femmes. Dans les principes organisationnels, elles nourrissent les familles jusqu'à épuisement de leurs greniers. En fait, toute l'année, sauf pendant les travaux champêtres où les hommes prennent la relève durant quatre mois. Chacun (H/F) a ses biens. Les revenus (récoltes, greniers, argent…) des femmes leur appartiennent et les hommes essaient de ne pas violer la règle.

Mais les confrontations sont inéluctables. Le modèle est difficilement supporté par les femmes, tel est la cause profonde des conflits. Les causes de surface les plus récurrentes sont l'alcoolisme de l'homme, l'école, la santé et la nourriture. La disette intervient pratiquement chaque saison pluvieuse. C'est à cette période que les femmes qui ne disent pas à qui veut l'entendre qu'elles souffrent n'arrivent plus à se retenir : « Le poids de la femme dans le foyer a diminué. Les hommes ne considèrent plus leurs femmes comme avant » (vieille Nebou à Tiodié). L'homme faillit presque annuellement mais la nature imprévisible des dépenses pour les traditions atténue tout de même sa culpabilité.

Devant les changements et les difficultés, les hommes jouent à sauvegarder leur statut traditionnel, sans forcément intégrer le rôle indiqué. Bien qu'elles soient surchargées au travail, les statuts (H/F) évoluent dans un sens de « prolétarisation » des femmes, comme souvent mentionné en Afrique, même si l'expression doit être prise dans un sens métaphorique.

Conclusion

Nous pouvons maintenant conclure que la jachère s'est transformée tant au niveau des motivations que de l'espace et du temps. Les « abandons » des champs ont évolué tel que, aujourd'hui, il s'agit généralement de mise de champs en rajeunissement sous la contrainte de la dégradation des sols. Cependant la solution de la jachère à Tiodié risque de ne plus tenir si de nouveaux dispositifs et techniques ne sont pas recherchés en secours des techniques et des connaissances traditionnelles d'une agriculture des moins en contact avec la modernité dans le pays. Du reste, la possibilité de la rotation culturale est menacée par la croissance démographique (sida omis) et par l'hypothétique retour des nombreux émigrés en Côte d'Ivoire.

À Tiodié où on apprend qu'il ne suffit pas d'être un descendant du fondateur d'une localité pour faire partie du clan des chefs de terre, le droit à la propriété foncière a été établi sur la consanguinité. La discussion est alors ouverte quant aux allochtones, par ailleurs considérés comme des « fils du village ». La consanguinité semble ne plus être exclusive chez les autochtones, mais rien n'a été apuré et l'imprécision prévaut. En fin de compte, le droit de l'allochtone à la propriété foncière est relatif. Il n'est pas plein et doit être nuancé. Dans tous les cas, ce flou se solde par une possibilité d'alternance culture/jachère plus réduite chez les Peul et les Mossi.

Face au changement, les rapports Hmmes/Femmes évoluent chez les Nouna. Mais dans le processus, les femmes s'en sortent moins bien que les hommes. Ces derniers jouent de plusieurs registres (tradition, subtilité) pour conserver leur statut de choix que l'histoire leur a conféré. Au niveau de la gestion des revenus, cela n'est pas sans confrontations quotidiennes dans les rapports de l'intimité des couples, que l'on tente souvent de résoudre par la tolérance, la complicité...

Références

Biyen, A., 1984, *Quelques éléments de grammaire du nçni*, Mémoire de maîtrise, Université de Ouagadougou, 94 p.

Duperray, A.-M., 1978, *Les Gourounsi de Haute-Volta : Conquêtes et colonisation 1896-1933*, Thèse de 3e cycle, Stuttgart, 210 p.

Fourgeau, C. & Lacombe, B., 2001, Des ruraux face aux transformations des jachères. Représentation de l'espace agricole, perception des contraintes et réponses aux changements chez les femmes et les hommes bobo, bwaba et dioula du Burkina Faso, Province du Houet, *in Bulletin de la Société d'anthropologie du Sud-Ouest*, automne 2000, 20 p., voir mêmes auteurs, *in Jachère en Afrique Tropicale*, 2006, *op. cit.*

INSD (Institut national de la statistique et de la démographie), 2000, *Recensement général de la population et de l'habitation, 10-20 décembre 1996. Fichiers des villages du Burkina Faso*, Ouagadougou, 315 p.

Lacombe, B., 1998, *La jachère : espace sans cultures et espace de culture chez les Bwaba (Burkina Faso)*, IRD, Ouagadougou, 19 p. Dactylo, voir ici chapitre 6

Nébié, D.B. 1982, *Éléments phonologiques et morpho-syntaxe verbale du nuni*, Thèse de doctorat 3e cycle, Université de Ouagadougou, 229 p.

Nignan, H., 1984, *Quelques éléments de grammaire du nuni*, Mémoire de maîtrise, Université de Ouagadougou, 99 p.

Stewart, G.C., 1975, *Names on the Globe*, Oxford University Press.

Yago, Z., *Le nuni (langue gurunsi de Haute-Volta). Phonologie, éléments de grammaire*, Thèse de docorat 3e cycle, Université nationale de Côte-d'Ivoire, Abidjan, 300 p.

Yaro, A., 1997, *Numération et calcul oral en langue nɔnɩ (Burkina Faso)*, Rapport de DEA., Université de Ouagadougou, 130 p.

Yaro, A., 1999, *La perception du coût de l'école dans un village du Burkina Faso*, Paris, Commission Coopération-Développement, 29 p.

Village nouna de Tiodié (photographie d'Anselme Yaro)

Chapitre 9

La vision paysanne des difficultés de l'intensification agricole

Robin Duponnois
&
Bernard Lacombe

Lors des enquêtes pratiquées dans la zone de Bondoukuy, nous avions constaté que la jachère n'était plus une pratique centrale de l'agriculture ; la même observation s'impose dans les autres régions visitées du Burkina et que prouvent nos enquêtes exposées aux chapitres 4 et 5 de cet ouvrage. C'est donc dire que l'agriculture sur brûlis ne fonctionne plus à plein, même quand les hommes en ont conservé un semblant de pratique. On pourrait dire qu'alors même qu'ils l'ont abandonnée, ils pensent encore la pratiquer et ne voient d'issue que dans le fait de trouver de nouvelles terres vierges et libres. Rêve illusoire. La jachère reste, chez tous les agriculteurs du Burkina Faso, LE modèle agricole par excellence, et ce blocage mental n'est pas rien devant les défis à relever et que l'on peut résumer du titre : intensification. Intensification du travail (tout au long de l'année, sur toutes les terres et cultures), apports d'intrants (en travail, en engrais, en machines, en organisation), tels sont les défis de l'agriculture burkinabè.

Nous avons effectué plusieurs enquêtes (*in JAT* 2006, Traoré & Fourgeau 2006 et chapitres 4 et 5 *supra*) qui toutes concourent à prouver cette évidence que le système agricole traditionnel arrive à saturation : l'épuisement des sols, la montée de la sécheresse, la concurrence des culture de rente, les fermetures des frontières des nouveaux États, la croissance de la population et la migration des paysans pauvres, la migration internationale, la propriété... posent d'énormes problèmes : épuisement de la fertilité des sols et destruction des forêts, incitation à des émigrations massives de main-d'œuvre (jeunes et femmes en particulier), naissance de conflits entre ethnies (entre celles disposant de terres qui attirent la convoitise des autres qui, n'en ayant plus, sont chassées de chez elles par la pauvreté). L'agriculture itinérante sur brûlis a vécu : reste à connaître les solutions techniques disponibles selon la recherche agronomique (fertilisation, améliorations génétiques, introduction de cultures nouvelles – comme celles de plantes fourragères indigènes actuellement sauvages (*A. gayanus* ou *C. giganteus*...) –, culture des arbres, protection des propriétés par clôtures, protection des sols par cultures secondaires...) et selon les essais tentés par les paysans eux-mêmes ou les innovations auxquelles ils auraient accès.

La vision paysanne de l'intensification agricole a deux aspects : le premier est la perception des phénomènes : érosion et fin de la jachère ; le second est la lutte contre l'érosion et les solutions que les paysans envisagent pour remplacer la jachère. Naturellement, leurs perceptions dépendent de leur propre situation sociale : celle qu'ils occupent dans leur société (autochtones ou allochtones, membre de la famille des chefs de terre ou pas, ancienneté d'arrivée...) et la situation écologique de leur village (en zones sèches ou humides, ayant ou pas un territoire qui n'est encore totalement occupé).

Nous allons d'abord analyser la question à Bondoukuy, zone pour laquelle nous disposons de nombreuses données très variables et ensuite nous exposerons les informations dont nous disposons par notre enquête sur les paysans du Burkina dont nous avons traité aux chapitres 4 et 5 *supra*.

Bondoukuy

Dans une de ces enquêtes à Bondoukuy, dans le Sud-Ouest du Burkina, en pleine savane humide, 78% des Bwaba (autochtones) et 98% des Mossi (immigrés) manquent de terre et donc vont devoir envisager de remplacer la jachère, impossible désormais, par d'autres procédés techniques de culture du sol. Les terres en jachère restent économiquement nécessaires pour l'approvisionnement en produits courants (bois divers, vannerie, termitières à poussins, plantes sauce et médicinales, fruits…) et sont d'un grand apport au bol alimentaire en produits frais (viande et fruits par exemple). Certaines campagnes manquent de sources d'approvisionnement en produits courants sur leurs seules terres et les paysans et leurs épouses sont donc obligés pour la paille, le bois et d'autres produits (néré, karité, termites…) de grappiller en brousse « libre », parfois fort loin du territoire villageois, ou sur des terres en jachère dont ils savent bien qu'elles sont appropriées, et par qui, mais qu'ils rapinent au sens strict. Le "propriétaire" ne peut faire respecter son droit, ce qui permet ces ponctions sauvages sur la ressource. Par ailleurs, comme les villages disposant de terres couvertes de végétation naturelle sont rares, les villages qui les entourent ravagent en les surexploitant les ressources végétales et animales de leurs territoires encore intacts.

Les longues jachères (de trois générations) ont quasiment disparu et peu de paysans peuvent se vanter d'ouvrir des jachères dont la végétation originelle s'est reconstituée. Les champs nouvellement ouverts le sont dans des espaces mis en repos de un à cinq ans, jamais plus. La propriété induit aussi des comportements aberrants. Pour ceux qui pourraient garder des terres en repos, les menaces étatiques sur la terre les découragent et les migrations de populations allogènes les effraient. Beaucoup de paysans font semblant de cultiver une terre fatiguée pour en garder la propriété pleine et entière. Un paysan n'est jamais trop prudent. Les paysans parlent alors de "faux-champs" (et s'accusent les uns les autres de cette pratique nocive à l'écologie de la zone – concept qu'ils ont parfaitement intégré, par expérience). Faux-champs certes mais affirmation vraie de la propriété.

Tout projet agronomique et technique demande, pour être accepté par le milieu humain, des conditions de la part du milieu social pour lequel ces propositions sont établies. Il est évident que si les hommes sont conscients des difficultés – et cherchent à en sortir en expérimentant comment en sortir -, ils seront plus perméables à les entendre. Par ailleurs, la connaissance de la prise en charge par les paysans de leurs propres difficultés peut orienter en *feed-back* la recherche. Elle doit être prise en compte par les milieux scientifiques (Darré, 1999). Nous avons voulu donc voir la prise de conscience des paysans de la situation écologique et les mesures qu'ils prenaient eux-mêmes pour y faire face.

Un constat donc s'impose : l'agriculture sur brûlis est un système bancal car les espaces vierges, de végétation climax (en équilibre, fût-ce instable, avec le climat et les sols) deviennent des espaces reliques (les *Cahiers Yézouma* les appellent du joli néologisme de "brousses parking") ; la faune des grands herbivores, acteur essentiel de la régénération des ligneux, devient une légende ; signalons aussi que des espaces autrefois indemnes de toute agriculture ont été défrichés et parfois totalement détruits comme les forêts sur sols gravillonnaires qui, après deux-trois ans de culture, une jachère et une nouvelle série de cultures annuelles, deviennent des plaques érodées et caillouteuses, des bowé latéritiques, nus, où la reprise d'un tapis végétal va demander plusieurs décennies.

L'appauvrissement écologique

L'appauvrissement de la nature a surtout été étudié à Bondoukuy. D'une part, les sujets de nos enquêtes signalent l'appauvrissement de la zone comme un fait sensible à tous, sauf pour les tout nouveaux arrivants. Pour ces derniers, venant de zones sèches fortement dégradées, Bondoukuy reste un "beau" pays. Cette dégradation est signalée par de multiples signes dont voici les principaux (ils se recoupent et ne se cumulent pas) :

- la flore (dégradation, baisse du nombre des espèces, perte des brousses libres, des forêts profondes, etc.) pour 63% d'entre eux ;
- la faune (disparition des grands herbivores dont éléphants, fauves et petits animaux), dont l'importance dans le bol alimentaire est souvent signalée comme autrefois très importante : 43% signalent le fait en donnant d'abondants exemples ;
- l'assèchement (disparition des grandes nappes d'eau, des nappes phréatiques à fleur de terre, et des animaux dont on tirait partie qui y vivaient) est signalé par 10% des sujets, surtout ceux qui vivaient au bord des grands marigots quasi pérennes il y a trente-quarante ans. 55% attribuent ces changements aux déficiences de la pluviométrie (moins de pluies, moins d'eau par pluie, saison des pluies plus courte) ;
- Enfin, le milieu naturel est estimé se dégrader pour 12%.

Signalons que quelques Mossi font la liaison entre les phénomènes : la perte de végétation entraîne selon eux la rareté des pluies. Le défaut de couvert végétal est accusé d'aggraver les effets de l'érosion éolienne : *Le manque d'arbres qui peuvent empêcher le vent de trop souffler sur la terre.* Un Mossi va même jusqu'à dire : *Nous avons tué tous les gros arbres, sans penser que les arbres attirent la pluie. Il y a manque de pluie. A l'époque, l'érosion, on ne la voyait pas comme aujourd'hui. Quand il y a des arbres, l'effet du vent diminue, regarde aux pieds des arbres.* L'image que les Mossi donnent du pays bwamu à leur arrivée est celle d'un pays de cocagne riche, aux hommes accueillants, bizarres par leur individualisme, leur anarchisme même, mais courageux, fiers, travailleurs, étonnants par leurs capacités de mobilisation collective sans autre motivation que leur esprit de compétition, où les sols étaient lourds, la nature riche, l'alimentation à portée de la main : *Tu piégeais et t'avais soit un rat goût, soit un lièvre, soit un varan* ; *les poissons enterrés il y en avait en pagaïe, les biches et tout tu mangeais de la viande* ; *le miel, il y en avait tant que tu pouvais pas tout bouffer.* Enfin, *des sols qui nourrissaient une famille avec un hectare, deux si la famille était grande, alors qu'aujourd'hui, il en faut de cinq à six hectares pour survivre dans la crainte du lendemain...*

A la lecture des *Cahiers Yézouma*, une impression forte surgit : au-delà de tout discours passéiste, la dégradation de l'environnement est mieux notée et plus précisément chez les Mossi et on a plusieurs raisons pour le comprendre. Venant d'un pays dévasté, poussé à l'émigration par la sécheresse, par la famine de terre, par le manque de pluie, les Mossi sont effrayés de retrouver ici les problèmes qu'ils avaient espéré laisser là-bas : *Si cela continue, on va tous mourir*, est un lietmotiv chez eux. Cela leur donnerait-il une plus grande lucidité ou un pessimisme plus fort ? De toute façon, les Mossi ne s'exonèrent pas de pratiques préjudiciables au milieu naturel : coupe abusive, faux-champs, pratique des labours, individualisme, parc de bovins... Ils sont plus sensibles à cette dégradation de par le fait que pour lutter contre elle ils n'ont pas de jachères disponibles et qu'ils sont coincés, parqués sur les zones que leur ont accordées leurs "logeurs" bwaba. Le sont-ils plus pour avoir cru trouver un pays de cocagne ou seraient-ils plus observateurs ? Ce qui serait un peu étonnant car les Bwaba sont de ces peuples fous de plantes qui connaissent bien la nature qui les environne. Notre sentiment est la différence linguistique entre le bwamu et le mooré.

La langue bwamu, aux caractéristiques formelles relativement rares (langue monosyllabique, agglutinante et à tons, fortement imagée et condensée) n'a peut-être pas la force analytique du mooré ou du jula[51]. D'où ce sentiment que l'on tire des lectures d'interviews que les Bwaba analyseraient moins la situation et procéderaient plus par images contrastées pour exprimer la même chose, ce qui en français, langue dans laquelle sont écrits les *Cahiers*, se rend mal. Le mooré et le jula, du point de vue structurel, se traduisent mieux et plus facilement en français.

L'avis est général de toute façon : la pluie est moindre en quantité et la saison des pluies commence plus tard et se termine plus tôt. Les changements végétaux sont dus, selon les informateurs, à la perte de ce qu'on appelle la diversité : moins de plantes, rareté des plantes médicinales, ce dont se plaignent particulièrement les Mossi, et donc pratiquement plus de collectes de plantes et d'insectes sauvages, de poissons enterrés, de rats divers et de lièvres, de reptiles appréciés comme les varans. A Bondoukuy, on ne voit plus de crocodiles dans la "mare aux crocodiles" où cependant il doit en rester vu les traces – aucun culte traditionnel ne leur étant rendu, ils étaient consommés... Tous les informateurs signalent l'existence d'agoutis dans la zone (à ce que nous avons compris que

---

[51] On peut voir les travaux sur la question de ce type de langues avec les travaux sur le chinois ou le sumérien – Jean Bottéro, *passim*.

correspondait le néologisme des “rats goût” de Yézouma Coulibaly et la description qu’il nous en a donnée). Quant à la pêche, elle n’est pratiquement plus pratiquée alors qu’autrefois les zones inondées étaient vastes ; quant aux “poissons enterrés” qui étaient d’un grand apport en protéines, leur collecte n’est plus signalée. On doit noter que ces disparitions sont signalées autant que celle des gros herbivores sauvages et des fauves, car ce petit gibier de lapins, taupes, oiseaux et rongeurs, reptiles et poissons divers entrait dans l’alimentation quotidienne, on le piégeait au retour des champs ou en promenade dans la brousse. Le pays, il y a trente ans, était réputé dangereux. *Il fallait être courageux pour entrer dans ces brousses par les seuls chemins possibles, qui étaient ceux tracés part les éléphants.* Il fallait veiller sur les troupeaux, veiller aux récoltes en chassant à la fronde les oiseaux, en effrayant les éléphants par de grands feux ou en tapant sur des instruments… Les avis sont unanimes.

Les Peul quant à eux insistent sur la disparition des arbres fourragers, des bas-fonds qui maintenaient l’eau en permanence à fleur de terre, de l’herbe qui repoussait alors qu’aujourd’hui le surpâturage a effacé de la zone de nombreuses pérennes, dont le *Cymbopogon giganteus* est le plus cité. Les Peul ne sont pas les seuls à regretter l’heureux temps où ils poussaient devant eux d’immenses troupeaux de zébus lors des grandes transhumances, alors que maintenant la zone subit, par un trop-plein de troupeaux permanents, une érosion qu’aggrave le vent. Les troupeaux qui restent, parce qu’en effectif réduit, circulent en ligne entre les cultures, dégradant les sols et accélèrant l’érosion par les ruissellements qui concentrent les eaux.

La pression de la population

La croissance de la population est vue à travers la migration qui est un élément explicite de crainte. Cette migration allogène n'est pas vue en soi mais à travers l'insuffisance des terres disponibles et est signalée par le quart des chefs de maison de Bondoukuy. Cette rareté des terres porte à la fois sur la disponibilité de terres libres et la réduction en espace et en temps des jachères. Autochtones et allochtones, Bwaba, Mossi ou autres, attribuent à la migration mossi les dégâts constatés dans le milieu naturel. Le point de vue des allochtones nous montre qu'ils sont venus à Bondoukuy pour, justement, fuir ce qu'ils ont aujourd'hui le déplaisir de voir naître dans leur terre d'accueil : surpeuplement et dégradation des terres, avec en plus un affaiblissement de la pluviométrie.

La pression de la population frappe donc tous les observateurs, mais avec une nuance importante : elle est plus forte chez les Bwaba, qui se sentent envahis, que chez les Mossi, qui ne pourraient, en première approximation, que s'en prendre à eux-mêmes si leur responsabilité était en cause, ce qui n'est pas le cas même si certains se sentent humiliés de se percevoir eux-mêmes comme ceux par qui le malheur arrive. En général, pour les Bwaba, cette remarque est noyée dans des considérations sur la perte de la culture bwamu, véritable lietmotiv. Tous les interviewés insistent sur les méfaits des labours par traction attelée qui "gâtent" la terre et permettent de grands champs et donc donnent le sentiment que la population augmente quand ce sont les champs qui eux s'étendraient... Cette pression de population est cependant vécue fortement, bien au-delà de son expression verbale.

Statut des terres

Le statut/état des terres à l'arrivée, lorsque s'est installé le sujet sur elles, est une notion composite. Nous avons effectué après analyse des données, des regroupements. Il est évident que toutes les terres d'un même sujet n'ont pas le même statut.

Statut des terres à la prise de possession :

Indéterminable	12.0
Champ	14.2
Jachère appropriée (récente)	13.1
Jachère ancienne (collective ou familiale)	16.6
Brousse	34.7
Brousse « peuplée » ou « parking »	9.4
Total	100.0

La catégorie « champ », c'est-à-dire que le sujet a bénéficié d'un champ qu'on lui a prêté, est la plus certaine, la moins ambiguë : il s'agit de sujets à qui un décès ouvre la possibilité d'acquisition d'une terre, ou de locataires, même si le concept n'a pas cours en pays bwamu. (Il est d'ailleurs intéressant qu'en français on ait les vocables 'logés' et 'locataire' systématiquement utilisés, les deux sous-entendant qu'il n'est pas question que la personne accueillie s'incruste.) Dans quelques cas, il s'agit de sous-prêt ; les informateurs insistent sur ce sous-prêt quand, entre cultivateurs, on se prête une terre, car dans ce cas on n'a aucune obligation de verser de quote-part au chef de terre parce que *...tu t'arranges avec ton logeur.* Les arrangements restent actuellement encore dans les limites raisonnables et amicales de l'entraide et d'un retour de reconnaissance.

La brousse peuplée ou « parking » est, elle, composée des morceaux de brousse résiduelle parmi des champs. C'est un néologisme créé par Yézouma Coulibaly. Ce sont des endroits qui ressemblent à des bois sacrés, les *dô*, mais plus vastes cependant, quoique moins riches floristiquement car fortement exploitées par la collectivité.

On peut et doit cumuler les cas indéterminables, qui sont toujours ceux de gens de situation précaire, pour les fusionner avec les champs, les jachères récentes (qui au mieux n'ont que des herbes pérennes et des buissons comme végétation) et les brousses parking, qui sont des morceaux résiduels de nature ancienne, d'une part ; d'autre part vont ensemble, les jachères anciennes (au moins quarante ans) et les brousses dites vierges, non appropriées sinon par les chefs de terre, et dont les traces de peuplement remontaient au plus tôt à la révolte bwamu contre la colonisation française débutante, quand elles existaient puisque certaines étaient des bas-fonds probablement jamais exploités historiquement.

L'analyse montre qu'actuellement les Bwaba réoccupent des terres qu'ils auraient laissées en jachère il y a quelques années seulement. Quitte à les fatiguer un peu d'une manière improductive. On appelle cela des "faux-champs" : c'est un défrichement ou une culture d'affirmation de propriété et non pas un défrichement ou une exploitation économique ou agronomique rentable – quitte à perdre le produit du travail en nourrissant les bêtes avec des céréales qui ne peuvent monter en graine puisque plantées trop tard. Les autochtones ont désormais trop conscience du danger pour courir des risques face à une pression extérieure qu'ils estiment menaçante. (A Samorogouan, les autochtones se sont donnés les moyens politiques de contrôler l'immigration, et d'autres villages ont pris les mêmes mesures, la situation est donc fort complexe selon les zones, *Cf. passim,* les travaux de Jean-Pierre Jacob.)

Cette pratique des faux champs interpelle parce qu'elle montre que le "système" est en attente d'une culture de rotation qui ne serait pas céréalière ou de rente (coton), mais de fourrages ou autre. Pourtant, il n'est pas encore dans la mentalité de planter de l'herbe ! Cependant,, le fait est là : la propriété réclame un autre usage de la terre, la tenure est première par rapport aux cultures ! En l'occurrence, la sociologie entrave le développement agricole. On peut aussi penser à l'exemple présenté au chapitre précédent de la conception bwamu des catégories anthropologiques du sauvage et du civilisé : au premier appartient la jachère, au second la culture des champs.

On doit noter aussi que la faiblesse des brousses originelles chez les Bwaba est relative à ce qui a été dit plus haut au sujet de l'exploitation par les clans de certaines terres : les Bwaba sont peu intéressés par les brousses gravillonnaires ou les bas-fonds, qu'ils ont laissés aux Mossi, quitte à leur reprocher d'aller n'importe où cultiver : *Même dans le lit du Mouhoun* [rivière], *ils iront cultiver.* Réflexion que l'on retrouve chez quelques vieux Mossi, désespérés de l'acharnement de leurs propres frères à abattre toute brousse pour la cultiver, fût-ce une année seulement. Pour un Bwaba, la terre étant celle des ancêtres, il la considère toujours, en dehors des terres incultivables (sinon par des Mossi !), comme des terres autrefois cultivées sinon par ses ancêtres directs du moins par d'autres plus indirects : tout ossement que recèle la terre bwamu est d'ancêtres ; d'ailleurs, ils sont toujours soigneusement recueillis par les forgerons qui les entassent dans des ossuaires dont eux seuls savent la place cachée à tous.

Techniques de régénération

Pour pallier à la pauvreté grandissante des terres de culture les paysans emploient concurremment plusieurs techniques :

- *15% Jachère*
- *12% Rotation des cultures et cultivars à cycles courts*
- *15% Pratiques culturales (labours, billonnage, plantes de couverture, associations végétales, haies)*
- *82% Engrais des blancs (engrais chimique)*
- *29% Engrais biologiques (fumure, ordures et compost)*

Le grand remède à l'appauvrissement des sols est la fumure chimique, l'"engrais des blancs". Mais pas seulement : face à la dégradation de ses terres, le paysan ne reste pas les bras croisés et tente des solutions ; mais ces solutions restent empiriques : par exemple, dans les engrais biologiques, certains systématisent le parcage des troupeaux peul, d'autres l'apport par charrette de débris végétaux, d'autres fabriquent du compost. On voit que chacun tente quelque chose. Ceci concerne le tiers des sujets. Ensuite le cinquième tente au moins une intensification soit en travail (techniques culturales) soit en innovation de plantes ou variétés cultivées ; 12% des sujets déclarent avoir tenté des variétés à cycle plus court pour faire face aux déficiences de la pluviométrie en intensité et en longueur, puisque la saison des pluies est jugée plus courte qu'autrefois.

La question du coton

L'emploi de "l'engrais des blancs" est inséparable de la culture du coton. C'est l'engrais chimique fourni par la Sofitex, compagnie spécialisée sur le coton. Cet engrais est très apprécié puisque la première année il aide le coton, et la seconde permet de très bons rendements en mil. Son prix est cité comme explicitement la raison principale pour laquelle les paysans recourent à d'autres pratiques de fumure. Mais on lui reproche ses dégâts sur l'écologie : en particulier sur les insectes utiles comme les chenilles de karité, largement consommées et objet d'un commerce très lucratif. En tout cas, on doit constater que là où il y a du coton, les chenilles de karité ont disparu (Traoré & Fourgeau 2006).

Malgré son succès, le jugement des paysans sur l'engrais des blancs est très mitigé : ils en reconnaissent l'efficacité à court terme et les effets néfastes à long terme et pour l'environnement (destruction des insectes en particulier) et pour les terres qui en seraient brûlées. Plusieurs ont noté le fait que la rotation coton+engrais/sorgho est très bénéfique sans parfaitement entendre que cela est une conséquence en partie du cycle du striga qui, ne disposant pas de sa plante hôte, voit son cycle cassé par le coton[52]. Tous les sujets notent avoir observé le résultat sans pouvoir pour autant en tirer de conclusions pratiques parce que la cause du phénomène leur échappe. Par ailleurs, son usage réclame aussi une disponibilité de terres pour la culture du coton, ce qui n'est pas donné à tous. Ce qui explique que les immigrants de plus fraîche date de présence, et donc plus jeunes en âge, qui subissent le plus la pression du manque de terres, s'ils utilisent le plus de méthodes d'amélioration des terres ne peuvent recourir aux engrais chimiques, n'ayant pas de terre pour cultiver du coton qui leur permettrait de faire des emprunts auprès de la SOFITEX, la compagnie nationale du textile. La culture du coton, on doit le souligner, est un signe de l'entrée dans le cercle monétaire. Ceux qui n'utilisent pas l'engrais chimique sont ceux qui ne disposent d'aucune disponibilité monétaire ou de terres. 78% des sujets utilisent l'engrais, 22% ne l'utilisent pas pour des raisons de manque de disponibilité monétaire.

Pourtant, en tant que tel, le coton n'est pas jugé comme moyen de gestion de la fertilité des terres car il figurait dans l'assolement depuis la nuit des temps. *Le coton à l'époque, le Bwaba le semait à la volée, c'était une espèce différente du coton d'aujourd'hui.* Disons aussi que la graine est mangée et servait à faire de l'huile. La culture de rente, le coton actuel, est donc interne au système agricole et il n'est pas cité explicitement dans la rotation culturale entraînant la fertilité des terres car sa pratique fait partie du paysage mental.

[52] Colloque de Dakar sur le Striga, 1989

Les procédés de fumure biologique

Les techniques de fumure biologique, que ce soit par parcage des animaux, par apport d'engrais animal (poulaillers, fumier des parcs à bœufs et chèvres/moutons), par apport de débris végétaux décomposés ou des débris ménagers des habitations, concerne 29% des sujets ; l'usage de techniques culturales (labours, zaï, billonages, drainage…) et celle de la rotation des cultures par utilisation des rotations ou usage d'une année sur l'autre de variétés à cycles différents par 14%, parfois les mêmes. Ces techniques sont privilégiées par ceux qui ne disposent pas de ressources monétaires ou de terres pour cultiver du coton.

La différence entre ethnies ou entre autochtones et immigrés est là déterminante : deux fois plus de Mossi que de Bwaba utilisent la fumure animale, les techniques culturales et la rotation des cultures… Clairement, l'hypothèse d'Esther Boserup (1970) est confirmée que la pression de population entraîne une intensification du travail agricole.

On comprendra alors que le rapport s'inverse pour les jachères, pratique qu'utilisent 11% des sujets, dont les 4/5 Bwaba et 1/5 Mossi, et aucun autre membre d'une autre ethnie, Dafing, Peul ou Samo ne disposant pas quant à eux de terres de réserve. Si les Bwaba récemment arrivés l'utilisent à 75% contre 80% pour les Mossi récents, les anciens, Bwaba ou Mossi, l'utilisent pratiquement identiquement : 83 et 85%. Les cultivateurs de date récente venus dans la zone sont donc des cultivateurs sans réserve, devant assurer leur approvisionnement en grain avant de penser à autre chose.

La jachère et ses usages

L'utilisation de la jachère comme moyen pour contrebalancer l'affaiblissement de la fécondité des terres se révèle plein d'intérêt : d'une part elle est assez peu fréquente, 11% en moyenne, mais curieusement, elle l'est chez les résidents les plus récents, ce qui est dû au poids des Bwaba dans le phénomène : seuls ceux qui ont des terres la pratiquent ; autre phénomène significatif, ceux qui pratiquent la jachère sont plus au fait des traditions dont ils ont une connaissance plus poussée par les interdits concernant la terre, qu'ils citent. Presque toutes les jachères sont le fait de Bwaba. Mais ces mêmes Bwaba, n'ont pas accès aux terres à coton... Par manque de moyens pécuniaires, étant relativement jeunes eu égard aux critères sociaux en usage dans les sociétés lignagères, ils sont limités à la seule production de grains.

Ceci recouvre la question de la fin des brousses libres qui est signalée par le 1/5ème des sujets. Avec deux nuances : d'une part, les Bwaba sont moins "pessimistes" que les Mossi, parce que leur situation est moins critique et d'autre part, les anciens résidents, Bwaba ou Mossi, qui ont connu et rendent du Bondoukuy d'il y a trente ans l'image d'un pays de cocagne, sont nettement plus pessimistes que les immigrés récents qui, sans expérience ou bien pressés par le besoin, sont moins regardants sur la définition d'une "bonne" terre.

L'intensification agricole est donc le grand défi de l'agriculture sur brûlis, grande consommatrice d'espace et demandeuse de terres reconstituées par de longues périodes de dormance, qui ne peut y faire face avec sa logique propre.

Les Mossi âgés, sous la pression du manque de terres ou par habitudes importées du vieux pays pauvre, pratiquent plus la culture agricole intensive que les Bwaba du même âge. Par contre, cette distinction s'efface pour les plus jeunes qui, toutes ethnies confondues, s'y adonnent à peu près également. Nous avons exploré la question de l'ancrage dans la tradition et l'usage de techniques d'amélioration des terres, car nous avions pu penser à une relation inverse. Il n'en est rien : nous constatons que les tenants de la tradition (appréhendés par leur connaissance des interdits concernant la terre) ne sont pas des marginaux sur le plan économique : en effet, ils utilisent l'engrais chimique, font du coton et donc sont inclus dans l'économie moderne.

La distinction est donc simple : tous les paysans sont inclus dans l'économie moderne, mais ceux qui le peuvent recourent aux techniques traditionnelles extensives, plus gratifiantes socialement, plus productives aussi (Sahlins, 1979) pour régénérer leurs terres. Ceux-là sont ceux qui disposent de moyens monétaires ou de terres. Les autres doivent recourir à des techniques de substitutions, bricolées parce que subies. Elles sont socialement dévalorisées alors même qu'elles sont le produit non de la seule nécessité – pauvreté – mais aussi de la créativité. Mais ceux qui les mettent en œuvre n'ont pas le sentiment de créer des techniques mais celui de pratiquer des moyens de survie dont ils ne voient pas l'efficacité à moyen et long terme. Chacun rêve de les abandonner pour s'adonner aux deux mythes : l'engrais chimique, la modernité, la jachère, la tradition.

La situation paysanne à travers une enquête sur plusieurs régions

Aux chapitres *supra* 4 et 5, nous avons traité de l'enquête réalisée par Lacombe, Ouédraogo et Traoré sur un échantillon raisonné de régions et d'ethnies afin de disposer de deux variables de croisement : savane sèche *vs* savane humide, allochtones (Mossi) *vs* autochtones (diverses ethnies, dont Mossi). Nous allons reprendre les réponses donnant et l'image que les paysans ont de leur milieu écologique et des solutions qu'ils envisagent et pratiquent pour faire face à ce qu'il faut bien admettre comme une dégradation de ce milieu naturel.

Naturellement, nous n'avons pas les mêmes items que ceux exposés précédemment.

Les sols et leur dégradation

Lorsque les sujets se sont installés sur les terres qu'ils cultivent actuellement, ils ont trouvé certains types de sols et nous nous sommes particulièrement intéressés aux "terres noires" réputées les plus fertiles. Mais avec la culture, ces terres perdent leur qualité, aussi avons nous demandé s'il leur en restait encore. 87.2% en avaient et 41.2% en ont encore. A soi seul, ce chiffre interpelle quant à la dégradation des sols constatée par les paysans.

On constate que ce sont les zones sèches qui ont les plus perdu de bonnes terres, il ne reste chez elles que 39.0% de terres noires contre 54.5% pour les zones humides alors qu'au départ la proportion est semblable.

91.5% des sujets ont de toute façon noté un appauvrissement de leurs sols. Par changement de couleur 66.6%, baisse de la production pour 91.5% et d'un autre signe pour 69.0%. C'est par la production que les sujets prennent conscience de l'appauvrissement du sol dont les 2/3 notent également les autres signes associés.

Signes associés de l'appauvrissement des sols

Les signes de la dégradation et appauvrissement des sols sont intéressants quand on sort de l'aspect évident de la "couleur".

Si les mauvaises herbes sont notées à peu près identiquement dans les deux zones écologiques, les savanes sèches souffrent plus de l'érosion. Par contre le Striga frappe trois fois plus les zones humides que les autres. Quand ils observent qu'ils sont victimes d'une attaque du Striga, les sujets différencient celui qui se voit, et qui fait "si joli" avec ses fleurs violettes dans les champs de céréales pelés, et l'invisible. 60.6%

des sujets qui subissent le Striga subissent les deux sortes en même temps.

54.3% des sujets constatent des dégâts par des plantes sauvages qui attaquent leurs champs ou en diminuent la productivité et 45.0% signalent des attaques de parasites de tous ordres. De même, les ravages que causent les animaux sont aussi une source de dégradation des récoltes, mais certains sont explicitement cités comme des agents érosifs. 80.3% voient leurs récoltes attaquées par des animaux, 13.5% par des éléphants et 4.5% par de gros herbivores sauvages. Les singes occasionnent des dégâts pour 55.4% des champs des sujets, les oiseaux pour 83.9%. Les insectes ravagent les récoltes pour 83.9% des sujets. Les troupeaux du village même du sujet sont aussi un fléau : 53.3% des sujets en déclarent les dégâts ; et 59.0% accusent les troupeaux peul.

Globalement, nous nous trouvons devant la même prise de conscience des paysans de la dégradation des capacités de régénération autonome du milieu naturel. Devant ces constats les sujets réagissent et la lutte contre la dégradation des sols les amène à utiliser un certain nombre de pratiques :

- le stationnement des troupeaux peul est utilisé par 25.1% des sujets ;
- la rotation avec jachère par 55.7%, sans grande différence entre les zones ;
- l'usage de lignes de pierres anti-érosives par 56,7% ;
- l'usage de lignes d'*A. gayanus* par 42.0% ;
- l'usage d'engrais chimiques par 62.6%, mais 44.3% l'utilisent exclusivement sur le coton, les autres l'utilisent aussi pour les céréales ;
- 72.7% rapportent du fumier, 52.4% rapportent des végétaux de la brousse et 70.8% rapportent des ordures ménagères ;

- 28.7% pratiquent le couvert végétal du champ pendant la saison sèche, 91.0% effectuent une rotation des espèces cultivées et 74.7% ont changé de variété pour faire face aux changements climatiques vécus par les sécheresses fréquentes et fortes depuis les années 1970 ;
- enfin, seulement 10.7% des sujets ont enclos leurs champs. Mais les lignes d'*A. gayanus* ont souvent un effet marquage des limites du champ (mais moins les lignes de pierres).

Le stationnement des troupeaux peul n'est pas trop pratiqué en savanes sèches peut-être parce qu'il n'y en a que peu qui y transhument ; l'enquête n'a pas demandé s'il y avait encore des troupeaux nomades dans la zone. Par contre, si l'on met de côté l'engrais chimique dû à la culture du coton, toutes les mesures d'enrichissement et de protection des sols sont le fait des cultivateurs en savane sèche et des allogènes mossi dans les savanes humides, comme nous l'avons détaillé précédemment pour Bondoukuy. A l'exception des couvertures végétales, mais cette technique est, pour les savanes humides plus du laisser-faire que de l'action.

Un autre point est intéressant : la rotation des cultures et le choix de varivars plus adaptés est plus le fait des savanes humides et l'on peut se poser la question de savoir si les bouleversements écologiques ne font qu'atteindre aujourd'hui les zones humides, les autres s'étant déjà adaptées à l'appauvrissement.

Enclore ses champs est une pratique quasiment pas utilisée (un peu plus d'1/10°). Le zaï lui, qui est une culture "en pot" (dans un trou dans lequel on rapporte de la bonne terre enrichie), est pratiqué en moyenne par 50.2% des sujets ; mais il est le fait des savanes sèches principalement : 73.7% contre

27.7% dans les savanes humides. On sait que cette pratique en zone humide vient des Mossi immigrés : effectivement, 65 des 80 sujets des zones humides qui pratiquent le zaï sont des Mossi…

Si l'on croise les informations disponibles sur les techniques de lutte contre la dégradation des terres selon l'autochtonie, l'on constate que les Mossi allochtones sont moins inventifs (ou en éprouvent moins la nécessité si l'on préfère) pour lutter contre la dégradation de leurs terres que les Mossi des vieux pays du Plateau Mossi. En fait, étant dans un statut précaire vis-à-vis de la tenure de la terre, ils n'ont aucune raison de « se fatiguer », le feraient-ils qu'améliorant la terre ils ne feraient qu'augmenter les risques de la perdre.

Conclusion

En conclusion, nous voyons se dessiner un tableau assez exact de la question des jachères à travers nos enquêtes. Nos données résistent bien aux confrontations croisées et nous donnent un tableau cohérent de la situation sociale des paysans burkinabè face aux difficultés qu'ils rencontrent, celles de la fin de l'usage de la jachère comme moyen essentiel du renouvellement de la fertilité des terres. L'ère plurimillénaire du système de l'agriculture itinérante sur brûlis est terminé et même si chacun rêve à son retour, la nécessité est là qu'il faut le remplacer.

Les populations des zones humides sont encore dans la vague espérance que "si" les immigrés, en majorité mossi, repartaient chez eux, la jachère pourrait reprendre son cours. Mais ceci est une illusion car les "Mossi", pourrait-on dire, n'existent pas. Il existe des populations autochtones (liées par des liens coutumiers au territoire) et d'autres allochtones qui ont faim de terres. Au Burkina, l'omniprésence des Mossi dispersés un peu partout, brouille les cartes. L'impression est que face aux autochtones, on aurait des allochtones mossi. Ce qui est parfaitement erroné car dans les zones bwaba on trouve des Bwaba allochtones en grande quantité, par exemple. Nos travaux ont montré que le critère est la durée de présence dans la zone qui est déterminante et alors il apparaît que le clivage passe entre des populations anciennement installées (avec d'importants groupes mossi, Peul, Dafing...) et celles installées récemment. Le clivage n'est pas définissable en termes d'appartenance ethnique. On sait trop que, pour exister, la définition ethnique est d'une grande difficulté et potentiellement perverse comme on l'a vu dans les pays comme le Rwanda ou qu'on le voit actuellement en Côte-d'Ivoire.

Les paysans "sans terre", puisque demandeur de terres dans des territoires villageois avec lesquels aucun lien coutumier ne les lie, sont plus aptes à imaginer et utiliser de nouvelles pratiques de protection de la terre et d'entretien de sa fertilité. Mais le blocage des droits fonciers est un frein à une évolution de l'entretien de la fertilité de la terre par un paysannat rarement bien assuré de sa propriété, même d'usage.

Références

Boserup Esther, *Évolution agraire et pression démographique*, Paris : Flammarion, 1970.

Ouédraogo Moussa & Léonie Kaboré, 1999, *Migration et gestion des ressources naturelles*, Rapport de la rencontre des 17 et 18 juin 1999 à Bobo-Dsso, Projet GERN (Gestion des ressources naturelles), EWA (Autriche) & FUGN, Bobo-Dioulasso, pag. mult.

Lacombe Bernard, 1997, *Pratique du terrain, méthode et techniques d'enquête,* Éd. du Septentrion, Lille, 2 tomes, 1997 : 849

Sahlins Marshall, 1976, *Âge de pierre, âge d'abondance, L'économie des sociétés primitives,* Gallimard, nrf, : 411

Voir pour les autres documents la ***Bibliographie générale***, page 183

Pêche à Bondoukuy

Exploitation du raphia (Banfora)

Mil attaqué par le striga

Vieux néré et Karité au fond à gauche(Sapone)

Bibliographie générale

ALEXANDRE Daniel-Yves, 2002, *Initiation à l'agroforesterie en zone sahélienne, les arbres des champs du Plateau Central au Burkina Faso*, IRD-Karthala, Paris : 220

ANCEY Gérard, 1977, "Recensement et description des principaux systèmes ruraux shéliens, *Cahiers Orstom* sér. Sci Hum., vol. XIV, n°1, 1977 : 3-18

BENOÎT Michel, 1977, "Le pastoralisme en savane et la « territorialisation » des parcours", *Cahiers Orstom* sér. Sci Hum., vol. XIV, n°1, 1977 : 217-219

BENOÎT Michel, 1982, *Oiseaux de mil : Les Mosse du Bwamu (Haute-Volta)*. Ed. ORSTOM, 100 pages

BERTRAND A., MONTAGNE P., KARSENTY A., éd. sc., *Forêts tropicales et mondialisation. Les mutations des politiques foncières en Afrique francophone et à Madagascar*, Cirad-L'Harmattan, 2006 : 485

BERTRAND A., MONTAGNE P., KARSENTY A., éd. sc., *L'État et la gestion locale durable des forêts en Afrique francophone et à Madagascar*, Cirad-L'Harmattan, 2006 : 471

BIYEN, A., 1984, *Quelques éléments de grammaire du nçni*, Mémoire de maîtrise, Université de Ouagadougou, 94 p.

BLEGNA Domba, *Les masques dans la société marka de Fobiri et ses environs : origine – culte – art*, Etudes sur l'Histoire et l'Archéologie du Burkina Faso, vol. 5, Franz Steiner Verlag, éd., Stuttgart, 1990, 262 pages

BOSERUP Ester, *Évolution agraire et pression démographique*, Flammarion, Paris, 1970 : 218

BOUTILLIER Jean-Louis : *Les structures foncières en Haute-Volta*. Études Voltaïques 1964, 205 pages

BRABANT Pierre *et al*, 2000, *Déforestation et dégradation des sols dans les Hautes Terres du Viet-nam*, ORSTOM-IRD & CNSNT, CD-ROM

BUTTOUD Gérard, *Gérer les forêts du Sud. L'essentiel sur la politique et l'économie forestières dans les pays en développement*, L'Harmattan, , 2001

CAMPA Claudine *et al*, eds sci, 1998, *L'acacia au Sénégal*, ORSTOM, coll. Colloques et séminaires, Paris : 476

CAPRON Jean : *Communautés villageoises Bwa. Mali Haute-Volta.* Institut d'Ethnologie Paris 1973, 379 pages

Collectif, "Les instruments aratoires en Afrique Tropicale, La fonction et le signe", *Cahiers Orstom* sér. Sci Hum., vol. XX, n°3-4, 1984 : 335-658

Collectif, 1996, "Les ressources naturelles renouvelables, Pratiques et représentations", *Cahiers Orstom des Sciences Humaines,* Vol. 32-1,

Collectif, 2005, *Patrimoines naturels au Sud, Territoires, identités et stratégies locales,* Collection Colloques & séminaires, IRD Editions, Paris, 2005 : 551

CONDOMINAS Georges : *Nous avons mangé la forêt* Ed Mercure de France, Paris, 1957, 491 pages

DARRÉ Jean-Pierre, *La production de connaissance pour l'action. Arguments contre le racisme de l'intelligence,* Éd. de la MSH, INRA, Paris, Juillet 1999, 244, index

DEMAZOIN REMI, KOROGHO B., LAVENU F., SERPANTIE G., *Etude sur les feux de brousse dans la région de Bondoukui lors des saisons 96/97 et 97/98.* Document de travail, mars-août 1999

DEMAZOIN Rémi, 1999, *Feux de brousse en savane soudanienne : cas de la région de Bondoukuy, 1996/97 & 1997/98,* Rapport, 17 pages + cartes et annexes, Orstom, Bobo-Dioulasso

DE SCHLIPPE Pierre (~1953) : *Écocultures d'Afrique (Shifting cultivation in Africa).* Ed Terres et vie. Rue Laurent Delvaux, 13, 1400 Nivelles, Belgique, Sans date 201 pages

DEVINEAU Jean-Louis, FOURNIER Anne et KALOGA Bokar : *Les sols et la végétation de la région de Bondoukuy (Ouest burkinabè).* Ed. Orstom, 1997, 118 pages + 3 pl. ht

DIALLO Youssouf : *Les fulbe du Boobola. Génèse et évolution de l'État de Barani (Burkina Faso),* Köln : Kôppe, 1997

DRABO Issa, ILBOUDO François & TALLET Bernard : *Dyn amique des populations, disponibilités en terres et adaptation des régimes fonciers : le Burkina Faso, une étude de cas* Paris Rome FAO CICRED 2003,114 pages

DUPERRAY, A.-M., 1978, *Les Gourounsi de Haute-Volta : Conquêtes et colonisation 1896-1933,* Thèse de 3e cycle, Stuttgart, 210 p.

EVANS-PRITCHARD E. E. : *Les Nuer, Description des modes de vie et des institutions politiques d'un peuple nilote.* Ed Gallimard, 1968, 315 pages

FAINZANG Sylvie et Odile JOURNET : *La femme de mon mari. Anthropologie du mariage polygamique en Afrique et en France.* L'Harmattan, 2000, 172 pages

GROUZIS Michel & LE FLOC'H Edouard, Ed. sc., 2003, *Un arbre au désert, Acacia raddiana*, IRD éditions,

GUENGANT Jean-Pierre & Maxime BANOIN, *Dynamiques des populations, disponibilités en terres et adaptation des régimes fonciers, le Niger*, CICRED, Paris, 2003 : 144

GUENGANT Jean-Pierre, Christian SEIGNOBOS, François SODTER, *La jachère en Afrique Tropicale*, préface de Bernard Lacombe, L'Harmattan, Paris, 2006

GUENGANT JP., SEIGNOBOS C. & SODTER Y., 2006, *La jachère en Afrique Tropicale*, L'Harmattan, coll. Ressources renouvelables, Paris

INSD (Institut national de la statistique et de la démographie), 2000, *Recensement général de la population et de l'habitation, 10-20 décembre 1996. Fichiers des villages du Burkina Faso*, Ouagadougou, 315 p.

IRD, CEE, CORAF-WECARD, 2004, *Projet « Jachère » (1994-2000), Amélioration et gestion de la jachère en Afrique Tropicale, Techniques de substitution à la jachère, références bibliographiques utilisées ou produites par les chercheurs du projet*, CD-ROM

IZARD MICHEL, 1985, *Le Yatenga colonial, Un ancien royaume du Burkina*, Karthala, Paris, 168 pages

JACOB Jean-Pierre, 2001, "Systèmes locaux de gestion des ressources naturelles et approches développementalistes : le cas de Gwénégué (Cetre-Ouest du Burkina Faso)" *Autrepart*, n°18 : 133-154

JAT, 2006, ce sigle renvoie ici à l'ouvrage de GUENGANT JP., SEIGNOBOS C. & SODTER Y., 2006, cité plus bas dans cette bibliographie

JEAN Suzanne : *Les jachères en Afrique Tropicale. Interprétation technique et foncière ;* Institut d'Ethnologie Paris 1975, 131 pages

KABORÉ Roméo M. & Brahima TRAORÉ, Le *karité et le néré, deux arbres des jachères, Propriété masculine et travail féminin au Burkina*, introduction de Bernard Lacombe, préfaces de Frédéric OK Palé et Saratta Traoré, postface de Robin Duponnois, L'Harmattan, Paris, 2006

KERKHOF Paul, 1991, *Agroforesterie en Afrique*, Paos L'Harmattan, Paris

LACOMBE Bernard, 1997, *Pratique du terrain, méthode et techniques d'enquête*, Éd. du Septentrion, Lille, 2 tomes : 849

LACOMBE Bernard, OPIGEZ Eric & OULLA Passari, *Fonds topographique de Bondoukuy*, 2004, IRD Ouagadougou & Bondy, CD-ROM

LOUPPE Dominique, 2005, *Arbres et bois d'Afrique Tropicale, fac-similés de documents anciens* CR - CIRAD Paris 2005

MARCHAL Jean-Yves, 1977, "Systèmes agraires et évolution de l'occupation de l'espace au Yatenga (Haute-Volta)", *Cahiers Orstom* sér. Sci Hum., vol. XIV, n°1, 1977 : 141-150

MARCHAL Jean-Yves, *Yatenga, Nord Haute Volta, La dynamique d'un espace rural soudano-sahélien*, Orstom, Coll. Travaux et documents n° 167, Paris, 1983 : 873

MARLIAC Alain, 2006, *De l'Archéologie à l'Histoire.La fabrication d'histoires en Afrique Subsaharienne et au-delà*, L'Harmattan, coll. Terrain, récits et fictions, Paris

MEILLASSOUX Claude : *Femmes, Greniers et Capitaux*. Ed François Maspero Paris 1975.

MENAUT, Jean-Claude, "Effets des feux de savane sur le stockage et l'émission du carbone et des éléments-trace", *Science et changements planétaires, Sécheresse*, AUPELF-UREF, n°4 vol. 4, décembre 1993, p. 251-263.

MONNIER, Y., *Les effets des feux de brousse sur une savane préforestière de Côte d'Ivoire*. Vol. IX *Etudes éburnéennes*, Direction de la recherche scientifique, Ministère de l'éducation nationale de la république de côte d'ivoire-Abidjan, 1968, 260 p.

NÉBIÉ, D.B. 1982, *Éléments phonologiques et morpho-syntaxe verbale du nuni*, Thèse de doctorat 3e cycle, Université de Ouagadougou, 229 p.

NIGNAN, H., 1984, *Quelques éléments de grammaire du nuni*, Mémoire de maîtrise, Université de Ouagadougou, 99 p.

OBADIA Lionel, *L'ethnographie comme dialogue, Immersion et interprétation dans l'enquête de terrain*, PubliSud, Paris, 2003

OUÉDRAOGO François de Charles, 2006 *La vulnérabilité alimentaire au Burkina Faso*, L'Harmattan, 226 pages

OUÉDRAOGO Moussa & KABORÉ Léonie, 1999, *Migration et gestion des ressources naturelles*, Rapport de la rencontre des 17 et 18 juin 1999 à Bobo-Dioulasso, Projet GERN (Gestion des ressources naturelles), EWA (Autriche) & FUGN, Bobo-Dioulasso, pag. mult.

PELISSIER Paul : *Les paysans du Sénégal : les civilisations agraires du Cayor à la Casamance*. Imprimerie Fabrègue, Saint Yriex, 1966 : 939 pages

PELTRE-WURTZ Jacqueline & STECK Benjamin : *Les charrues de la Bagoué. Gestion paysanne d'une opération cotonnière en Côte d'Ivoire*. Ed Orstom, Paris 1991, 303 Pages

POTTIER Richard, *Y a-t-il une méthode en ethnologie*, *in* Obadia, 2003

RICHARD Jean-François, 1990, éd sci, *La dégradation des paysages*, AUPELF, UICN, ORSTOM, ENDA, Dakar : 310

RICHARD-MOLARD Jacques : *Afrique Occidentale Française*. Ed Berger-Levrault, 1949, 236 pages

SAHLINS Marshall, 1976, *Âge de pierre, âge d'abondance, L'économie des sociétés primitives,* Gallimard, nrf, 1976 : 411

RISS Marie-Denise : *Femmes africaines en milieu rural*. Ed l'Harmattan, 1989, 218 pages

SAVONNET Georges *: Un système de culture perfectionnée, pratiqué par les Bwaba–Bobo-Oulé de la région de Houndé (Haute-Volta).* Bulletin de l'IFAN. T. XXI, sér. B, n° 3-4, 1959, 458 pages

SKINNER Elliott P., 1972, *Les Mossi de la Haute-Volta*, Préface du Dr J.I. Conombo, Nouveaux Horizons E180, Paris

STEWART, G.C., 1975, *Names on the Globe*, Oxford University Press.

SURET-CANALE Jean : *Afrique Noire occidentale et Centrale*. Editions Présence Africaine, 1961, 636 pages

TRAORÉ Saratta et FOURGEAU Catherine, 2006, *Les petites jachères des femmes dans le Sud-Ouest du Burkina Faso*, préface de Bernard Lacombe, postface de Chantal Gauthier, L'Harmattan, Paris, 2006

YAGO, Z., *Le nuni (langue gurunsi de Haute-Volta). Phonologie, éléments de grammaire*, Thèse de docorat 3e cycle, Université nationale de Côte-d'Ivoire, Abidjan, 300 p.

YARO, A., 1997, *Numération et calcul oral en langue nçn□ (Burkina Faso)*, Rapport de DEA., Université de Ouagadougou, 130 p.

YARO, A., 1999, *La perception du coût de l'école dans un village du Burkina Faso*, Paris, Commission Coopération-Développement, 29 p.

Motifs de pagnes bwamu de Bouan

Paysanne cultivant

Le lièvre et la pintade
Deux animaux emblématiques des jachères

Table des matières

Table des cartes et figures

Autres ouvrages de la collection
Ressources renouvelables

Frédéric LASSERRE & Luc DESCROIX, 2001
Eaux et territoires. Tensions, coopérations et géopolitique
Luc DESCROIX & Frédéric LASSERRE, 2002
L'eau dans tous ses État : les territoires de l'eau, Tensions, coopérations et géopolitique
Hugo ALONSO, Lautaro NUÑEZ & Pierre POURRUT, 2003
Les oasis du désert d'Atacama, Nord Chili. Gestion de l'eau et défi du temps (Introduction et rédaction par Bernard Lacombe)

Cet ouvrage appartient à une série sur la
Jachère en Afrique Tropicale.

Déjà parus :

Saratta Traoré et Catherine Fourgeau, 2006, *Les petites jachères des femmes dans le Sud-Ouest du Burkina Faso*, préface de Bernard Lacombe, postface de Chantal Gauthier, L'Harmattan, Paris, 2006
Jean-Pierre Guengant, Christian Seignobos, François Sodter, *La jachère en Afrique Tropicale*, préface de Bernard Lacombe, L'Harmattan, Paris, 2006
Toufik Ftaïta, Roméo M. Kaboré & Brahima Traoré, *Le karité et le néré, deux arbres des jachères, Propriété masculine et travail féminin au Burkina*, introduction de Bernard Lacombe, préfaces de Frédéric OK Palé et Saratta Traoré, postface de Robin Duponnois, L'Harmattan, Paris, 2006

A paraître dans cette collection ***ressources renouvelables*** sur la jachère en Afrique Tropicale en 2007 :

Migration, autochtonie et travail agricole au Burkina Faso par Sylvestre Ouédraogo & Saratta Traoré, avec la collaboration de Robin Duponnois & Bernard Lacombe

L'HARMATTAN, ITALIA
Via Degli Artisti 15 ; 10124 Torino

L'HARMATTAN HONGRIE
Könyvesbolt ; Kossuth L. u. 14-16
1053 Budapest

L'HARMATTAN BURKINA FASO
Rue 15.167 Route du Pô Patte d'oie
12 BP 226
Ouagadougou 12
(00226) 50 37 54 36

ESPACE L'HARMATTAN KINSHASA
Faculté des Sciences Sociales,
Politiques et Administratives
BP243, KIN XI ; Université de Kinshasa

L'HARMATTAN GUINÉE
Almamya Rue KA 028
En face du restaurant le cèdre
OKB agency BP 3470 Conakry
(00224) 60 20 85 08
harmattanguinee@yahoo.fr

L'HARMATTAN CÔTE D'IVOIRE
M. Etien N'dah Ahmon
Résidence Karl / cité des arts
Abidjan-Cocody 03 BP 1588 Abidjan 03
(00225) 05 77 87 31

L'HARMATTAN MAURITANIE
Espace El Kettab du livre francophone
N° 472 avenue Palais des Congrès
BP 316 Nouakchott
(00222) 63 25 980

L'HARMATTAN CAMEROUN
BP 11486
Yaoundé
(00237) 458 67 00
(00237) 976 61 66
harmattancam@yahoo.fr

651027 - Avril 2016
Achevé d'imprimer par

1livre.com
du rêve à la réalité !

Printed in Dunstable, United Kingdom

91222515R00112